本书为广州市哲学社会科学"十三五"规划
2018年度智库课题"广州非中心城区功能疏解对策研究"
（项目批准号：2018GZZK28）的成果

空间转型与功能重塑

广州非中心城区功能疏解的治理之路

陈旭佳　著

GUANGZHOU

中国社会科学出版社

图书在版编目(CIP)数据

空间转型与功能重塑:广州非中心城区功能疏解的治理之路/
陈旭佳著. —北京:中国社会科学出版社,2020.7
ISBN 978 - 7 - 5203 - 6643 - 4

Ⅰ.①空… Ⅱ.①陈… Ⅲ.①城市空间—空间规划—研究—广州
Ⅳ.①TU984.265.1

中国版本图书馆 CIP 数据核字(2020)第 100295 号

出 版 人	赵剑英
责任编辑	李庆红
责任校对	郝阳洋
责任印制	王 超

出 版	中国社会科学出版社
社 址	北京鼓楼西大街甲 158 号
邮 编	100720
网 址	http://www.csspw.cn
发 行 部	010 - 84083685
门 市 部	010 - 84029450
经 销	新华书店及其他书店

印 刷	北京君升印刷有限公司
装 订	廊坊市广阳区广增装订厂
版 次	2020 年 7 月第 1 版
印 次	2020 年 7 月第 1 次印刷

开 本	710×1000 1/16
印 张	11.5
插 页	2
字 数	136 千字
定 价	69.00 元

目　录

第一章　城市非中心城区功能疏解的缘起及理论解析

一　城市空间转型与功能演变的主要规律

空间是城市发展的基本元素之一，而城市本身就是一个巨大的空间系统，是一个可容纳各类社会、政治、经济、文化活动的巨大场所。正如法国神学家雅克·埃吕尔美曾发现的那样，"城市是一类特殊的空间，代表着人类不再依赖自然界的恩赐，而是另起炉灶，构建了一个新的、可操控的空间秩序系统"。美国著名学者刘易斯·芒福德（Lewis Mumford）提出了关于城市"容器、磁体与文化"三大重要功能的观点，他认为，城市就像一个大面盆，对聚集在其中的各种资源进行"发酵"，进行创新与整合，然后再扩散出去，始终对周边地区保持能级优势，带动周边地区的发展。

在这个时候，城市本身就是催化经济社会活动高效化、高能化的一种特殊"容器"。随着城市的进一步发展，城市地域空间进一步分化或复杂化，特别是多核心城市空间结构开始出现。1981年，米勒（Muller）对多核心城市结构理论做了创造性拓展，发现并提出一个完整大都市的空间结构一般由中心城、内郊区、外郊区、城市边缘区所构成,城市自身所辖空间结构进一步丰富。

从世界上著名国际大都市的经验来看,合理的空间分异可有效提升城市的综合功能效应。从历史上看,大多数城市在起源之初就存在不同程度的空间分异现象,如英国学者奥隆索在1921年将城市功能划分为行政、文化、生产、交通、娱乐、防务六大功能,而1933年的《雅典宪章》则指出现代城市具有居住、工作、游憩、交通四大基本功能,强调四大功能应平衡协调发展,提出城市功能分区和依照功能区分道路类别与等级的主张。正如美国学者乔尔·科特金在其经典著作《全球城市史》所指出的那样,许多近代乃至远古的城市在建城之初就不同程度地出现了粗略的功能分区概念和意识,特别是稍大一点的城市在空间上都存在着宗教祭祀活动、行政文化中心、市民居住、市场交易、城市防御等功能分区现象,这种原始的空间分异对于提升城市综合功能效应无疑具有重要意义。

现代经济学早已证明,同类机构或活动在局部区域上的适当集中,存在着共享、匹配、学习三大效应,获得所谓的聚集经济,实现其功能最大化。城市功能需要空间分异,同类机构的地理集中容易突出某类功能,这是因为只有相互关联的同类机构在集中区域内的频繁协作才能导致活动效率最大化。事实上,对城市空间进行不同功能区划分,进一步疏解中心城区非核心功能,实现城市各片区的集聚效应,能够从本质上避免由于工业区污染、不同功能布局的杂乱无章对城市发展产生的负外部性。

在城市空间分异的基础上,作为城市建设者要着力达到的一个根本性目标是空间转型。所谓空间转型,一般包括两层含义:一方面是指城市空间在增量上的合理扩张，也就是城市建成区规模如何适应城市人口、产业发展、生态保育需求而有序扩张；另一方面是指城市在空间存量上的更新、改造与整合。随着城市的不断发展，已有城市空间有可能出现越来越大的功能上的冲突，产生较大的负外部性。在这种背景下，需要在整合和提升中心城区功能的基础上，高起点规划和新建一批新的副中心和郊区新城，将原来高度集中的城区功能逐一对外进行分解，使城市空间布局更有效率、更集约、更宜居。

　　无论从西方城市还是东亚城市的历史实践看，城市每一个发展阶段都伴随着空间转型。相对于经济和社会转型的需求，那些空间转型滞后甚至失败的城市，往往因城市缺乏功能、效率或日益变得不宜居而走向衰落。从这个意义上说，城市空间转型、疏解非中心城区功能是城市转型过程中不可或缺的重要环节之一，自然也就成为建设全球城市过程中一件迫在眉睫的实现任务。正是在这样的背景下，近年来中央经济工作会议提出，特大城市要加快疏解部分城市功能，并将城市功能疏解作为国家城镇化建设的重要内容，这无疑凸显了城市空间转型、疏解非中心城区功能的重大理论价值和应用价值。

　　事实上，城市空间结构即是城市中物质环境、功能活动和文化价值等组成要素之间的表现方式。人类活动是城市空间演化的动力，只有研究空间动力的演进规律才能找到作为载体的城市空间演化的规律。在现阶段进一步认识城市空间演化的规律，在理清城市空间与社会、经济、文化、自然、人文等相互关系的基础上，进一步疏解中心城区的非核心功能，才能塑造"物我和谐"的城市空间。

二 非中心城区功能疏解的理论解析

作为城市构成要素及其组合方式在空间上的反映，一个城市在发展初级阶段往往将多种功能高度集中在"单核心"式的空间结构内，不断向外圈层拓展或轴向延伸。在这个阶段，"集聚"是城市形成和发展的主要动力，中心城区的"集聚"呈现正反馈效应，即集聚的规模越大，集聚能力就越强。此时，中心城区是人才、资金、信息、交通等各种要素的集聚中心，以有利的区位、良好的基础设施和投资环境、较多的就业机会、方便的服务设施，促进经济和人口的进一步聚集。

当城市形成较大规模后，单核心、块聚式的空间结构开始表现出不适应性，主要表现为：当城市规模已十分巨大，且以超常规速度发展，单核心式的城市空间结构不能再适应城市的发展要求。对于超大城市而言，城市发展要求具有强大、综合性的全球战略协调功能，这种功能在传统"单核心"式的城市空间结构中难以得到强化和增强。在这种情况下，必须对城市的空间结构进行重塑，进一步疏解超大城市的非中心城区功能，寻找新的城市经济增长模式。

在当今全球化与信息化交互作用的背景下，现代信息技术全球网络体系的形成正深刻地改变着城市的面貌和空间结构形态，最为突出的表现就是促进了城市功能实现方式的虚拟化，使城市空间结构的发展受地理形态的影响越来越小，很大程度上推动了单核心的空间聚集转型为多中心的空间分散。与此同时，城市结构形态也开始走向集群化和区域化，即从单中心城市向多中心城市区域演进，从传统圈层式走向网络化。城市扩展不再表现为向外圈层拓展或轴向延伸，而是形成一个个功能相对齐全的副中心或郊区新城，在统一的城市空间秩序内快速跃进。在这一过程中，城市经济社会资源的高度集聚转变为强有力的对外扩散，将原来高度集中的功能逐一对外分解，汇聚为若干重要的城市副中心或郊区新城，形成多中心的城市空间布局。

在这一演变过程，经济增长动力模式逐渐由单引擎演变为多引擎的动力格局，而这种多中心式空间形态在现实中也更多地体现为点轴式空间布局。由于城市发展的基础及约束条件的差异，点轴式空间布局在扩展原有的城市空间的同时，根据地缘特点将城市整体功能分解为相互联系的城市副中心或郊区新城，不仅改变了传统的高度集中、大一统的城市空间布局，而且有效避免了单核心轴线带状空间布局的诸多弊端，体现了局部与整体协调、分工与整合相统一的城市发展理念。

国际经验表明，城市副中心不再仅仅是中心城区功能的疏解和延伸，而是与中心城区差异分工的相对独立的城市职能。巴黎在《巴黎地区国土开发与城市规划指导纲要（1965—2000）》中，提出沿塞纳河两侧平行轴线和郊区建设 14 个城市副中心，减少工业和人口向巴黎中心城区集聚，打破了传统的环形集中发展模式。东京在《东京发展规划》和《城市改建法》中，提出围绕中心城区建设一批重要的城市副中心，构筑"多中心的开敞式城市空间结构"，改变原有城市功能过于集中的状况。新加坡将在保持老城区繁荣的基础上，沿南海环岛打造一批重要的副中心，同时在各副中心之间建成快速有轨交通和快速干道，保持交通的便捷性。从上述城市的实践中可看出，城市空间既是社会、经济活动的载体或投影，同时又反作用于社会、经济活动，即城市空间结构是否合理也会直接影响到社会、经济活动和功能的进一步发挥。在不同时代、不同规模的前提下，超大城市都应当寻找与其相匹配的、合理的、高效的空间结构，从而保证与城市经济、社会活动的匹配性。

专栏1　巴黎：历史文化遗产与现代要素资源的碰撞

厚重的历史既给巴黎留下了丰富的历史文化积淀，也为巴黎中心城区空间和产业的发展提出了挑战。20世纪60年代，由于巴黎中心城区单一的格局和滞后的功能无法满足现代产业的发展需求，巴黎通过对拉德方斯等新城和卫星城的开发，对中心城区的人口和功能进行疏解。巴黎市政府推行旧城局部改造战略来实现对中心城区的振兴，这一战略的目标是既要保护巴黎千年来的历史文化遗迹，又要塑造充满活力的街区。通过将巴黎塞纳河岸Place Mazas滨水空间改造成文化活动聚集的新节点和风向标，利用老城区的建筑空间发展健身休闲运动产业，打造现代化街区，在老旧工业空间的基础上发展商业办公空间等途径，使巴黎中心城区在既保持老城区中世纪历史风貌的基础上，又能够与新建筑协调共存，在传承城市历史文脉的同时也塑造了富有魅力的现代城市。

在这种客观规律下，城市副中心或郊区新城的建设是为了容纳新产生的城市职能，逐步将高度密集、单核心的空间结构转变为更大区域范围、多中心的空间结构，将城市经济增长模式由原有的单一增长核心转变为多个增长核心，通过扩散效应来带动周边区域联动发展。随着城市功能不断向外拓展，在原有中心城区的基础上，叠加若干副中心或郊区新城疏解非中心城区功能，进一步强化城市

发展的空间协调性，从而形成多引擎的动力格局。

当一个城市资源配置不合理，一些不符合其发展要求的低附加值产业占用大量资源时，会导致整个城市发展乏力。在这种背景下，疏解非中心城区功能，进一步强化中心城区门户枢纽、资源配置、信息集散、研发创新、高端总部的功能，从而形成具有全球示范效应城市空间组织形式，成为全球城市发展过程中需要重点解决的一件迫在眉睫的现实任务。这一切都需要我们站在建设国际大都市的战略高度，重新审视城市空间布局的功能定位，探索大城市非中心城区功能疏解的实现路径。

三 非中心城区功能疏解基本内容

归纳起来，中心城区非核心功能疏解基本内容应包括：

1. 城市交通疏解

一般而言，从城市边缘到市中心的出行时间是这个城市居民日常单程出行的最大距离。在通勤极限时间不变的前提下，步行时代、马车时代、汽车时代、轨道时代各级对应的城市空间尺度不断变大。例如，前工业时代的城市，步行和马车是主要的交通方式，街道尺度不必过宽，往往是街区建设后的剩余空间，城市尺度也不会过大。工业革命之后，汽车的发明给城市空间的扩展带来颠覆性突破，街道从以服务人为主逐步转变为服务机动车为主，城市尺度快速扩张，郊区化现象出现，城市副中心、卫星城开始建设。其后，步入轨道交通时代，城市突破固有的边界沿交通干线向外呈放射状扩散，从而出现了更大规模的城市群。

进入工业社会以后，城市化进程加快，城市越来越拥挤，交通堵塞成为流行的"城市病"，主要表现为交通空间结构和交通出行方式结构不合理，例如过多的交通需求聚集在中心城区等局部空间，从而产生的私人交通需求增长过快等。对于一个现代化的国际大都市而言，内部可达性问题的复杂程度可能远超外部可达性，这种可达性与中心城区的功能疏解息息相关。因此，城市交通疏解的思路主要是通过合理配置交通资源，调整交通需求在时间、空间和不同运输方式中合理分布。

在某一特定时间，交通网络的结构和能力进一步影响城市内部交通的便易程度。大城市要适时调整城市空间结构，研究多中心布局的合理性和相配套的城市功能疏解方案，分散单中心高强度的社会、经济功能，进一步改善出行时空分布过于集中的态势，实现居住与就业、上学、生活服务在城市用地功能布局上的混合与平衡，以此缩短城市居民的出行距离，避免潮汐式交通流和长距离出行，打造城市交通负荷小的城市，有效缓解超大城市的交通压力。

2. 城市人口疏解

自19世纪工业化和城市化以来，人类迁移最显著的变化或趋势是人口在城市的聚集。现代城市的一个典型特征是人口规模越来越庞大、人口流动率不断提高，由此带来众多社会、经济、文化和生态等方面问题。超大城市由于人口的过度聚集，产生交通拥堵、住房困难、污染加剧等诸多大城市病，也使生态环境约束趋紧，因此需要对高度聚集的城市人口进行有效疏解。

为与资源环境承载力相适应，超大城市在自身发展过程中，往往会提出严控人口、促进功能与人口疏解的目标和策略，主要措施包括：（1）在城市总体规划中提出严控常住人口规模；（2）通过调整落后产能，合理控制就业年龄段人口；（3）人口控制从行政管理向法制管理转变，实施以房管人、以证管人、以业控人政策等。世界上著名的国际大都市，例如纽约、伦敦、巴黎、东京等，都曾经在城市发展过程的特定阶段，采取过行政或市场等手段对城市人口规模加以调控，合理引导人口流向，有效调控城市的人口规模，缓解人口规模过大的压力，保障城市内部实现社会融合进程。

但在拉美、南亚发展中国家的一些超大城市，由于在发展过程中未能对人口及时、合适地调控，导致出现了人口规模膨胀、交通拥堵、环境污染、资源短缺和城市贫困等大城市病，从根本上降低城市发展可持续能力和吸引力，也不利于城市能级在全球城市体系中的提升。从这些城市发展过程的经验教训可以看出，超大城市应积极应对人口规模的过快扩张，并应采取行政或市场化手段疏解中心城区过于密集的人口，有利于缓解城市人口规模过大导致的负面效应，对于非中心城区功能疏解而言至关重要。

3. 城市产业疏解

从城市空间布局与产业特质来看，不同属性的空间布局适于布置不同类型的产业，或者说不同类型的产业有不同的区位特点要求。从城市产业布局的一般规律来讲，城市内圈层一般规划布局CBD、会展经济区、商业中心区、创意产业园等具有集聚效应的功能区，城市中圈层一般布局科技园区、批发园区、物流园区及大型文体活动区等类型的功能区，城市外圈层则重点规划工业园区及生态旅游休闲功能区，从而形成多层次、网络化的产业发展格局。

> **专栏2 伦敦：向紧凑型战略回归，带动中心城区产业要素整合创新**
>
> 进入21世纪以来，伦敦市政府吸取前车之鉴，政府主导让位于以新兴产业为主的市场环境，伦敦市政府的发展重点回归中心城区。从2004年到2015年，伦敦市政府在历次城市规划中均将目光聚焦于伦敦中心城区，提出把中心城区建设成加密、竖向紧凑型区域的发展战略。在伦敦过去几十年的发展中未能获益的中心区域，尤其是靠近老金融城有着良好区位优势的东伦敦肖迪奇地区，借着伦敦市政府打造东伦敦科技城的东风迅速崛起，而核心区"硅环岛"更是发展成世界"潮科技"中心。而伦敦中心城区推出的文化创意产业发展战略，则成就了伦敦世界文化之都的美誉。伦敦市政府借助互联网及信息技术发展文化创意产业，吸引中小微企业形成新兴产业集群，促进公共艺术的蓬勃发展和文化市场繁荣，打造并推广本土文化产业和文化品牌，不仅塑造了识别性鲜明的城市文化特质，而且形成了强大的国际文化竞争力。

合理的产业空间布局会降低经济活动的外部负效应，但不同经济活动之间在空间上往往存在不同程度的功能冲突。例如，工业区尤其是重化工业区对周边的居民生活区、文化教育区甚至商业中心区而言，都会存在较大的"挤出效应"；传统的专业市场，由于附带太多的低端物流，也会影响周边居民生活，同时压抑城市商业、金融、商务办公功能的升级；靠近市中心的工业区或者专业市场集群区当初的选址是历史自发形成，也许现在仍运行良好，效益也不错，但随着时间的推移及城市的发展，这些功能区对周边乃至全城的负效应却越来越大，对其他行业尤其是高端产业的发展形成较强的排斥效应。在这种情况下，上述产业空间的格局面临着优化调整的迫切性，需要将低端的产业逐渐对外疏解，将一些不符合中心城区发展的高消耗产业、低端消费性和生产性服务业向外迁出。

专栏 3　国际大都市中心城区产业疏解历程

20 世纪中期，国际大都市对中心城区功能疏解的同时，也造成了中心城区经济衰退、产业萧条"空洞化"、大量土地及厂房屋舍废置等诸多内城问题。为振兴中心城区，发达国家开始对中心城区推行"再工业化"策略。在城市经济服务业化发展的趋势下，全球产业结构不断调整升级，对老旧城区功能再造和产业的转型升级，中心城区存量资源的盘活、挖掘与整合，成为国际大都市产业发展和城市更新的着力点。由于发展基础、区域的资源禀赋、政府政策及制度文化等方面的差异，中心城区的产业转型表现出多样的形态，如在能源危机和环保压力下，创新创意成为中心城区产业振兴的新动力；城市土地及空间资源的限制，中心城区越加注重密集型发展；文化、艺术、科技多元素融合激发中心城区产业发展新动能和新业态；大数据时代信息技术的发展带动中心城区产业绿色低碳化、数字化、智能化；等等。在政府与市场的共同影响和作用下，国际大都市中心城区产业发展路径和策略呈现出不同的趋势和特点，以纽约、伦敦、巴黎、东京为例，在不同经济发展阶段，产业发展需求和布局也不尽相同。

---

4. 城市公共服务疏解

在超大城市非中心城区功能疏解的背景下，副中心以及郊区新城的建设一度席卷世界各大都市，特别是英国、日本、韩国等国成为副中心和郊区新城建设的典范，伦敦、东京、汉城（今首尔）在战后都先后规划了一大批副中心和郊区新城。副中心和郊区新城的大量出现，主要是为应对以单中心为特征的大都市的过度膨胀造成的功能紊乱，以及高度聚集的城市结构带来的诸多"大城市病"等。各大城市政府纷纷尝试通过建立副中心和郊区新城，为城市人口疏解和产业扩张提供必要的空间及相应的设施，通过调整空间结构以维持城市增长的可持续性。

不可否认的是，副中心和郊区新城在建设过程中往往会陷入功能单一化与公共服务配套滞后的误区。这些副中心和郊区新城很可能由于功能规划单一或缺乏必要的生活居住设施及公共服务配套而缺乏人气，失去活力，在夜间或周末变成所谓的"死城"或"鬼城"。这种结果使入驻副中心和郊区新城的大量企业及就业人口宁愿忍受拥挤而涌向中心城区，并由此加剧了城市交通的巨大压力。最为典型的是东京附近的筑波科学城。筑波是日本政府斥巨资打造的第一个科学城，然而自20世纪60年代初开始，在之后的30年间却一直进展缓慢，缺乏活力，到1980年虽然完成了大多数国家教育及研究机构的迁入及设施建设，但科学城因过于偏重科技研发功能，而产业化明显不足，常住人口少，造成商业不发达，城市功能长期无力完善，对东京非中心城区功能的疏解反而没有起到很好的效果，从而形成恶性循环。

从非中心城区功能疏解的角度考虑，要逐步增加副中心和郊区新城区公共服务配套，或在副中心和郊区新城创造足够的辅助就业机会，将中心城区优质的教育、医疗、生活文化设施等城市公共服务逐步对外疏解。例如，在医疗卫生方面，要建立符合多元办医格局的监管机制，以及基于医疗联合体等分工协作机制的打包支付模式，通过搭建远程医疗系统，逐步完善副中心和郊区新城的公共医疗服务供给。在教育方面，要加强职业教育实训基地共建，支持有条件的优质职业教育资源到副中心和郊区新城建立分校或校区，提高副中心和郊区新城对人口的吸引力。

四　非中心城区功能疏解的内在动因

一个城市的人口总量增长超过城市资源供给能力，城市内部空间结构布局不合理、城市间体系空间结构不协调引起要素的过度集聚，会导致严重的"城市病"。疏散化是城镇化进入较高水平时表现出的一种阶段性现象或趋势。离心疏散其实也是集聚的一种形式，是相对于地理集中而言在大城市或核心区域外围地区的集聚，表现为外围地区人口、经济等密度的提高，在整个城市地区比重上升或通勤距离延长，在一定程度上破解"城市病"，其内在动因主要包括：

1. 竞争力、宜居性和可持续发展是非中心城区功能疏解的共识目标

基于工业化以来城市发展的经验教训、人本主义思潮传播，全球城市关于非中心城区功能疏解目标逐渐形成共识，即竞争力、宜居性和可持续发展。

（1）提升竞争力是城市疏解中心城区非核心功能的首选目标。在世界城市发展史上，绝大多数城市领导者孜孜以求的是"成为区域、国家乃至世界最有影响力的城市"。聚集和辐射是城市的两项基本功能，这就决定了城市必须具有与之相配套的空间布局，才能

吸引或控制资源以维持生存和发展。在后工业化时代，资本、人才是提升城市竞争力的重要支撑。全球化使资本和人才变得更具流动性，世界各城市对其展开激烈的竞争，特别是在提升城市空间布局方面做出不懈努力，在各个城市的非中心城区功能疏解实践中充分体现。例如，伦敦提出要通过实施非中心城区功能疏解，将伦敦打造成为"典范的世界城市、欧洲的领袖城市、国家首都、大都市区—区域间协作的中心"；新加坡非中心城区功能疏解的目标是要建设成为一个"繁荣兴旺的、21 世纪的世界级城市"；里约热内卢希望通过城市的非中心城区功能疏解，形成合理的城市空间布局，进一步吸引资本、人才等高端资源，最终成为国家乃至国际舞台上的重要政治中心和文化中心，"成为南半球最出色的城市"；巴黎提出非中心城区功能疏解的目的在于形成合理的城市空间布局，以"确保21 世纪的全球吸引力"。

（2）宜居性是城市非中心城区功能疏解的另一个重要目标。人本主义思潮是建立在对城市功能主义反思的基础上的。在城市功能主义影响下，城市规划提倡由物质空间来决定人类行为。城市人本主义主张城市是人的城市，要满足人的生活需求、符合人的价值追求，"以人为本"应该是城市规划的核心。宜居是全球城市的重要组成条件。一方面，良好的宜居性可以吸引更多经济和人文等方面资源的注入，提高城市的竞争力和影响力；另一方面，恶劣的城市生活和生态环境将制约城市的可持续发展和城市居民整体生活质量的提升，从而阻碍全球城市的发展。所以，要建设成为一个全球城市，实施宜居城市战略、优化生态和生活环境、提高城市宜居水平是不可回避的问题，而非中心城区功能疏解是提高城市宜居性的一个重要手段。

宜居城市是全球城市发展的共同目标和追求，但是不同等级的城市追求的宜居目标具有不同的层次。低层次的宜居应该满足居民的安全、健康等最基本要求；高层次的宜居还要满足居民的人文和自然环境的舒适性、公共服务的优质性、个人的发展机会等更高要求。全球宜居城市是全球城市体系中宜居等级最高的城市，追求的宜居应该从可持续、安全、健康、便利、舒适等更多方面来凸显对城市居民的社会属性及个人价值等高级需求的满足和实现，而城市的宜居性则需要通过非中心城区功能疏解得以实现。

（3）可持续发展是城市自身发展的内在要求，也是城市非中心城区功能疏解重要的目标导向。城市发展是人和自然交换物质及能量的动态过程，因此，协调人和自然的关系是城市发展的基本原则，这也是非中心城区功能疏解所要坚持的基本理念。

首先，经济发展与可持续发展不是对立关系。传统观念认为，经济发展往往要以环境污染为代价，城市规模的扩大势必会导致交通拥堵等一列问题。然而，全球可持续发展水平处于第一梯队的悉尼、东京、纽约等几个城市，均是经济较为发达的城市。其原因在于，发达城市通过非中心城区功能疏解，不仅避免了工业化对环境的污染，又依托强大的经济基础提高了城市的公共服务水平，最终保持了较高的城市可持续发展水平。

其次，生态环境对城市可持续发展水平影响较大。生态优良度高的城市往往也是可持续发展水平高的城市。全球生态优良度排名靠前的悉尼、洛杉矶以及纽约，其城市可持续发展程度也处在较高水平，这与上述城市通过非中心城区功能疏解打造生态环境良好的城市空间布局息息相关。在未来非中心城区功能疏解过程中，应坚持生态文明发展理念，提高城市生态优良度，进一步提高城市整体可持续发展水平。

最后，可持续发展城市建设不能仅从单一维度努力。可持续发展城市是一个全方位的概念，可持续发展城市的建设是一项庞大的系统工程，需要从生态环境、社会安全、公共服务、生活便利等多方面着手，任何单一维度的努力都不足以建设成真正可持续发展城市，而这也是城市非中心城区功能疏解所要坚持的基本理念。

2. 从要素集聚和经济社会活动辐射范围的角度审视城市非中心城区功能疏解

当今世界，城市化进入了一个新的发展阶段。依托于非中心城区功能疏解的城市群，随着城市向外急剧扩展和城市密度的提高，许多国家出现了空间上连成片的副中心和郊区新城，这些区域与高速公路、铁路、电子通信以及卫星或移动通信等紧密联系在一起。关于这种现象，有各种各样的概念，例如"城市群"等。联合国人类聚居中心将此种现象定义为"城市聚集区"。城市群的深化发展产生了一些新的变化：城市之间人口、资本、信息、商品和服务等流动更加密切和频繁；城市间的界限（特别是行政界限）逐渐模糊化。在这种理念指导下，欧美国家城市在自身非中心城区功能疏解过程中，进行了一些有效的尝试，并取得了一些经验。

第一，重视区域协调发展机构建设。为避免行政束缚和地方利益主义倾向，欧美国家成立了跨越城市的区域协调机构。例如，大伦敦议会、巴黎地区规划发展委员会等分别是各自都市圈发展的协调机构。在欧洲国家，规划权具有法律效力，因此，这两个机构对于城市群发展和非中心城区功能的决定权和影响力超越一般意义上的城市群合作机构。

第二，注重城市共生化、一体化建设。欧洲城市不论规模大小在发展权利上一律平等，大到几百万人的大城市，小到四五百人口的小城镇，它们在城市群内地位平等。城市圈之间一体化程度很高。一体化首先表现为交通一体化，统一汽车牌照，取消关卡、收费站，方便同行，其次表现为城市间优势互补、联动发展。

第三，加强城际交通建设。2004 年，美国区域规划学会主席罗伯特·亚罗发表《美国空间发展展望》报告，提出美国城市群战略规划的交通导向。在欧洲，城际轨道交通成为都市圈内普遍的交通方式，具有高密度、编组灵活的特征，这种便捷的城际交通体系的建设，有利于大城市非中心城区功能的疏解。

3. 城市非中心城区功能疏解力求形态、业态、文态和生态的相统一

20 世纪以来，国际大都市的非中心城区功能疏解先后经历了功能优先、以人为本、环境保护等发展理念。1933 年，国际现代建筑协会在雅典通过了《雅典宪章》，但其为追求功能分区牺牲城市的有机构成，到了 1977 年已经无法完全指导变化了的城市规划。在这种背景下，《马丘比丘宪章》应运而生。《马丘比丘宪章》认为人的相互作用与交往是城市存在的基本依据，建筑设计必须努力去创造一个人性化、综合功能体现的城市空间，但其必须挖掘和保有当地的历史底蕴与文化特色。相对于《雅典宪章》，《马丘比丘宪章》对于今天城市非中心城区功能疏解的指导性更强。20 世纪 90年代，可持续发展概念开始引入城市非中心城区功能疏解实践。各种理念并非替代性发展，而是修正性补充，不断丰富和完善城市非中心城区功能疏解的理念。

4. 包容性发展是城市非中心城区功能疏解的基本原则

简·雅各布指出，"多样性是城市的天性"，城市必须尽可能

地错综复杂和相互支持。城市的多样性包括社群的多元化、文化的多样性、价值观多元性、经济形态多样性等，既丰富了城市内涵，又蕴含着各种冲突，这种理念需要在副中心或郊区新城的建设过程中得以体现。市民日益增强的权利和平等意识，要求城市非中心城区功能疏解持开放态度实行包容性发展。世界各国城市致力于寻求包容性发展，确保多种社群、多元文化、多样经济的共存、共享、共荣，倡导机会平等式增长，推进社会和经济协调发展。在族群及文化方面，主张多元文化并存和有机融合。每个族群及其文化都具有自我保存及发展的权利。在美国旧金山市，中国华人每逢春节时要举行大型的春节活动，市政府给予方便，甚至市长也参与到活动中。巴黎采用"共和同化"的方式来管理国外移民。这种方式采用"番茄汤理念"，其核心是促使外来文化与法国文化、巴黎文化融合。而纽约在未来城市发展规划中也提出，到 2030 年，为至少 100 万在纽约工作和生活的人提供经济上可承受的住宅。

5. "精明增长""紧凑城市"是城市非中心城区功能疏解的主要理念

城市增长管理观念源于对土地粗放利用的城市化方式反思。"二战"后北美大城市增长迅速，造成了畸形的城市蔓延（Urban Sprawl）。由于有着人少地多的得天独厚的自然条件，以及高速公路、小汽车的技术支撑，很长一段时间这种蔓延式增长被认为是正面的。但是，这种增长方式也带来了生态和社会方面较大的负面效应，并引起了对这种不受控制的增长方式的反思。于是，1997 年美国马里兰州州长 P. N. G. Lendening 首先提出了"精明增长"，提出了"树立'精明增长''紧凑城市'理念，科学划定城市开

发边界"，后来成为竞选副总统的戈尔提出的竞选纲领中的重要
内容。

"精明增长"为世界城市所推崇，也成为大城市非中心功能疏
解的重要依据。20 世纪八九十年代，美国华盛顿州、佛罗里达州等
20 多个州相继建立了"增长管理法"（Growth Management Act）和
"精明增长法"（Smart Growth Act），强调城市的发展需要通过非中
心功能疏解，科学划定城市中心城区与郊区新城的边界，通过打造
一批城市副中心，用于承接中心城区过于集聚的功能，这种发展理
念逐渐传播到加拿大温哥华、南非开普敦等世界各地城市。美国俄
勒冈州是增长管理的先驱和典范。在经历了较快增长，出于对资源
能源消耗的担忧和对环境问题的广泛关注，俄勒冈州于 1973 年通
过"第 100 号法案"，内容涉及农林地保护、城镇合理增长、提供
住房、经济增长、自然资源保护、改善公共设施与交通、改善大气
与水质量、保护自然灾害多发地等方面，要求全州范围内的城镇规
划必须给予考虑。该体系最大特点是要求各地建立该州的城市增长
界线，俄勒冈州波特兰市是示范城市之一。1980 年波特兰都市区划
定为期 20 年的城市增长边界（Urban Growth Boundary，UGB）以及
为期 10 年的中期增长边界，都市委员会每 5 年对 UGB 进行调整。
2005 年，我国深圳在疏解非中心城区功能时，根据该理念率先划定
了全国第一条"基本生态控制线"。

温哥华都市区的"紧凑式增长管理"模式也具有典型意义。1991
年温哥华都市区人口为 178 万人，约占不列颠省的 54% 和加拿大全
国的 6.5%。这些人口居住于超过 70 个城镇、乡村、城区政府和印
第安人保留地。区域计划到 2021 年人口增至 300 万。其增长管理
的内容是：一是打造众多的紧凑型城市副中心，这些城市副中心或

者以商业中心区为核心；二是城市副中心通过适当、高效的公交系统连接；三是每个城市副中心拥有相对完整的生活、就业和服务体系，包括各类住宅、工作岗位、文化娱乐设施、商店等；四是城市副中心注重保护自然环境及生态系统。

第二章　广州非中心城区功能疏解现状及存在的问题

一　广州非中心城区功能疏解历史沿革及现状

改革开放前 20 年，广州的经济发展处于较低水平，尚存在大量未开发区域，城市空间效益普遍低下。

进入 21 世纪尤其是"十一五"之后，依照中心城区与外围新城联动发展的原则，广州不断优化城市空间格局，形成圈层递进式演进格局，表现为：在以中心四区为主的内圈层，实施"退二进三"政策，发展高端服务业，形成以现代服务业为主的战略性平台；在二环以内的中圈层，布局科技园、科学城、大学城、国际创新城等产业功能集聚区，形成以知识创新和高新技术产业为主的战略性平台；在二环以外的外圈层，依托新机场、南沙港等战略性节点，形成以两大枢纽型国际物流园和三大现代工业产业集群为主的战略性平台。

2000 年，广州实施《广州城市发展总体战略规划》，提出"东进、西联、南拓、北优"及"中调"战略，在东进、南拓等重点轴向上规划和培育一系列新的功能组团，由此突破了传统"云山珠水"的地理局限和行政区划的束缚，拉开了城市发展的骨架，使广州的空间发展格局进一步舒展，重点发展方向进一步明确。

2008年，《广州市建设现代产业体系规划纲要（2009—2015年)》正式出台，在工业布局和现代服务业功能区规划的基础上，确立"一带六区"空间结构，重点建设现代产业体系十大载体，提出要建成华南现代产业示范区。

2012年，《广州城市总体规划纲要（2011—2020)》获国家住建部批复，提出形成"1个都会区、2个新城区、3个副中心"的多中心网络型城市空间结构，构建"2+3+11"的重大平台体系，促进城市空间布局从拓展增长走向优化提升，初步奠定了广州多中心网络城市的基础。

2018年2月，《广州市城市总体规划（2017—2035年)》草案进行公示。规划提出，主城区承担科技创新、文化交往和综合服务职能，重点进行控量提质，疏解非核心城市功能，引导人口、交通、高消耗低效益制造业向外围城区疏解，治理"大城市病"；外围城区要重点提升综合承载能力，与主城区形成有序分工，加大人口集聚力度，引导主城区疏解和来穗人口合理分布。

从上述城市空间布局的历史演变可以看出，近年来广州积极探索具有弹性和韧性城市的结构，引导高密度超大城市由外延增长型向内生发展型转变，空间从圈层式布局逐渐转向极化发展特征，中心城区非核心功能得到有效疏解。

专栏4　《广州市城市总体规划（2017—2035 年)》

2018 年 2 月 24 日，时任广州市委书记任学锋主持召开市委常委会会议，审议并原则通过《广州市城市总体规划（2017—2035年)》。会议强调，要重点解决发展不平衡不充分问题和"大城市病"问题，聚焦人口结构、社会结构、经济结构，系统规划城市规模和空间布局，科学配置生产、生活、生态等资源要素。

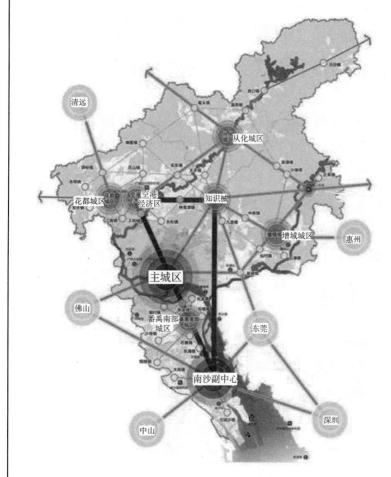

《广州市城市总体规划（2017—2035 年)》城乡空间网络体系

二 当前广州非中心城区功能疏解需要解决的突出问题

改革开放以来，广州深入推进改革开放，城市化速度快，城市发展取得惊人的成就。时至今日，广州的城市功能布局逐趋合理，但在非中心城区功能疏解方面，仍然存在以下突出问题：

首先，从广州的情况看，尽管自2000年以来开始实施"中调"战略和"退二进三"，但目前中心城区功能仍相当庞杂，不仅有CBD特有的金融、商务和总部经济职能，而且高度集中主要的商业中心、行政办公、高等教育、文化娱乐、医疗保健、科学研究等诸多职能，以及很高比重的居住与生活服务职能，还存在着大量的城中村与旧厂房，客观上需要将中心城区非核心功能对外疏解。

其次，广州的副中心和郊区新城建设进展十分缓慢，难以有效分散和承接中心城区的职能外迁，造成较为严重的"大城市病"，同时妨碍了现代产业体系的发展和高端服务的专业化发展。

最后，由于中心城区职能过度集中，使得相当多的专业服务职能无法向外转移，导致市区内各地域功能趋同性高，功能异质性不明显，而郊区新城又因缺乏足够的公共服务配套，使得中心城区的人口、产业及某些专业化职能外移受阻，由此造成城市功能分区及区域特色化发展不足，并引致郊区与中心城区间就业人口的"回波效应"。

归纳起来，当前广州非中心城区功能对外疏解过程中，需要解决的突出问题主要表现为以下六个方面。

1. 重空间拓展，轻功能布局，"单中心"化现象突出

空间拓展是广州满足城市增长需求的主要途径，但这种依靠

"铺摊子"的空间拓展方式一直为社会所诟病。从 2012 年开始，广州城市建设思路逐渐转变，从原有老城区转向老城区、新城区及城市外围地区联动发展，如《广州市城市总体规划（2017—2035年)》提出南沙副中心、花都城区、空港经济区、知识城、番禺南部城区、从化城区和增城城区等新城区要主动承接中心城区人口以及功能疏散。据统计，这些功能区合计建设用地为 1062 平方公里，占广州市 1772 平方公里总的可建设用地面积的 60% 左右。按照这个发展思路，主城区应通过疏解传统制造业及相关的仓储批发物流等相关功能，置换出相应空间保护历史文化名城、发展现代服务业，引导各类城市功能在不同区位合理布局，促进都会区域空间品质提升和产业转型同步进行。实际上，由于交通、公共服务资源（医疗卫生、教育等）等空间分布不均衡及规划配套不到位，导致主城区就业与人口不能有效疏解到各新城区。例如，偏远区域（南沙、从化、花都等）的廉租房、经济适用房等申请率低，许多保障性小区入住率低，因为这些区域的交通、教育、医疗及相关商业配套设施规划与建设普遍滞后。许多人特别是年轻人宁愿选择居住中心城区的"城中村"或其他低廉的出租屋，毕竟周边生活配套相对完善。

随着城市化的不断推进，广州涌现出各式各样的规划新城区，但某些新城却陷入了功能单一化与公共服务配套滞后的误区。这种单一功能的新城结构引致了"职住分离"现象和交通"外溢回波"效应。其中，以番禺北部、金沙洲为代表的外拓新城区缺乏相应的工作岗位和公共服务，在夜间变为"卧城"；以萝岗、南沙为代表的单一产业新城缺乏相应的生活配套和公共服务，在夜间变为"鬼城"。这种新城建设的结果，使居民和服务企业宁愿忍受拥挤而涌向中心城区，从而进一步扩大了对中心城区的就业与服务需求，也加剧了城市交通的巨大压力。

现阶段，广州"单中心"的空间发展困境尚未破解。20 世纪90 年代以来，天河区快速发展，天河新区逐渐取代老城区成为广州都会区发展中心，珠江新城 CBD 发展更是稳固了中心的地位。人口、资源大量向天河北、珠江新城集中，形成广州城市发展"单中心"化，不利于城市空间均衡发展。为构建"多中心、组团式、网络型"的城市发展空间结构，2013 年市政府提出建设 9 个新城，旨在打破原有单中心聚集的态势，培育多个城市增长极，实现组团错位互补和功能疏解。实际上，由各区大力推进的重大发展平台多达 16 个，至 2020 年新增规划建设用地 308.32 平方公里。其公布的规划人口总计约 240 万人，相当于广州 2013 年年末常住人口的18.57%。这些新城建设存在两方面问题：

一是资金困境。新城同时开建资金需求量规模极大，而目前新城建设模式主要依靠财政资金、国企和央企资本投入，社会与民间资本进入难度大。以珠江新城为例，占地面积仅 6.4 平方公里，各级政府投入大量公共财政项目，花了 20 年时间培育才形成今天的规模，而目前尚在建设中的广州国际金融城也存在类似情况。

二是发展思路存在不足。这些新城发展思路没有摆脱重产业、轻功能的工业园区发展模式。除生态城外，其他新城基本上都以培育主导产业为思路，经济增长乃至培育税源是主要目的，在综合功能建设方面是相对模糊的。

按照这种发展思路，新城发展能否如期推进，广州"单中心"化格局能否破局，依然值得考量。

专栏5　增城区承接中心城区非核心功能疏解存在的突出问题

　　增城过去局限于县级市的定位和思维，在发展商业、办公、展览、文娱等现代服务业方面显得前瞻性不足，导致目前现代服务业发展现状为个体、散乱、无序状态，仅仅满足于自给自足，或被动接受广州中心城区辐射带动，同时由于临近东莞、深圳，一些高端消费也流失外地，在全域范围内尚未形成真正意义上成熟高端的商圈，城市型经济发展不充分，带动镇村商业发展能力薄弱，在吸纳高端产业和人口转移方面打了折扣。

　　对于增城而言，往来广州缺乏一条直达的高速路一直成为发展的瓶颈，虽然表面上通过增城的国道和高速路为数不少，但是广汕公路毕竟还不是高速路，广深高速和广河高速分别从增城的东南和北部穿越，对解决中心城区交通帮助不大，只有广惠高速靠近中心城区，但是广惠高速在东二环就中断了，并入其他的高速路系统，形成一条不完整的断头路，目前虽然广州市政府已经立项了凤凰山隧道的广惠高速西沿线项目，但是在实施过程中存在一些问题，在项目环评以及沿途其他行政区的配合方面还存在着不和谐因素，增加了项目实施的难度。东部交通枢纽中心是增城副中心建设的重要交通设施，是5条轨道线路交汇之处，尤其是广深和广汕铁路和地铁进行交会，必将形成很大的客流。现在部分地铁线路已经动工，但是铁路方面的枢纽建设必须要有国家铁路总公司方面的参与或主导，单靠地方政府是难以全面推动的。现在枢纽中心的建设力度还不够，希望能纳入广东省和铁道总公司之间的"省铁"合作框架，以便尽快推进枢纽建设，真正发挥东部交通枢纽的作用。为了进一步突出东部枢纽中心的作用，希望广州和东莞的地铁交接不通过5号线，而是和新塘的13号线对接，以发挥东部枢纽中心的地位和作用，从而引导相关资源在广州境内流转。

2. 老城区土地低效利用和碎片化分割，疏解非中心城区功能举步维艰

更新改造、优化提升是老城区重新焕发活力的根本途径，也是疏解非中心城区功能的一个重要前提。制约老城区的非核心功能疏解的重要因素是土地利用问题。传统的粗犷式土地开发模式，导致老城区的土地利用强度已经达到极限，新增土地供给几乎不可能，因此老城区只能通过改造旧村和旧厂房、盘活大量低效闲置物业等途径来实现，但面临两个挑战：一是土地低效率利用；二是土地碎片化分割。

老城区土地低效利用的现象较为普遍。由于复杂的历史遗留问题等原因，老城区大量存在闲置和低效使用的物业。主要表现在：第一，辖区内省市行政事业单位房、国有企业的厂房等物业不仅存量大，而且相当一部分闲置或使用效率不高。第二，烂尾楼遍布，有的登记在册，还有很多烂尾地和闲置用地没有登记，实际存在的要远远大于统计数字。

土地碎片化分割现象在老城区较为普遍。造成这种状况的原因既有体制方面因素，也有产权复杂的因素。土地碎片化分割造成的结果是土地二次开发的交易成本高，导致土地难以成片、规模化开发，大项目难以落地，城市更新推动十分缓慢。土地碎片化分割的现象主要表现为：

一是省、市单位所属物业"条块化"。老城区一直是省市两级党政机关和司法机关所在地，其下的行政事业单位以及部分国有企

业的物业遍布老城区。这些物业占地规模小，分布广泛，在管理方面几乎自成体系，难以统筹管理。

二是物业产权"小规模化"。老城区人多房少，人均居住面积少，从而同一物业下的产权人数远远超过其他区域。产权人数过多，造成土地置换、物业置换难度增大。例如，在广州市推行的利用公租房置换解决社区服务场地试点工作中，一些原本可以置换的房屋，由于必须取得相邻的物业同意才能使用，但因城区人太多、意见难统一而不得不放弃。

3. 中心城区与周边腹地的联动不足，对非核心功能疏解造成一定影响

一方面，中心城区与腹地区域之间逐步出现地域功能分工，尤其是形成主导产业上的差异化甚至紧密协作，中心城区会主动将一些低附加值、高物耗产业转移到腹地区域中去；另一方面，腹地区域经济获得一定发展后，其部分高端要素和功能会主动向中心城区迁移，以谋求更大的发展。在这种思路下，中心城区与腹地区域之间的分工协作是研究城市功能疏解不可缺少的一个视角。

当今城市的竞争是城市群的竞争。同为国家中心城市的北京、上海、天津和重庆，其城市发展腹地的纵深度超越广州。广州难以超越北京和上海，其彰显的正是在腹地区域之间的差异。北京发展依托京津冀城市群乃至整个华北地区，上海发展依托长三角城市群乃至整个长江流域地区，两个城市发展腹地呈不断扩张趋势。

与之相反，广州的发展腹地却有所收缩。20 世纪 80 年代，广州在珠三角地区"一枝独秀"，广州和深圳、珠海是珠三角发展的"龙头"和"两翼"。广州与珠三角地区其他区域形成"传

帮带"关系，构成以垂直分工为特征的双边分工协作体系。20 世纪 90 年代，随着佛山、中山、东莞等城市的迅速崛起，他们与广州之间逐渐形成竞争格局。基于珠三角城市的竞合格局，1995 年广东省政府提出把珠三角划分为三个都市区，实行组团式发展。"广佛肇""深莞惠""珠中江"三大都市圈的概念开始流行，但没有实质性进展。21 世纪，随着这三大都市圈合作推进，珠三角内部空间分化开始，广州作为中心城市的聚集和辐射范围进一步受到抑制。

正是由于规划缺乏前瞻性，广州发展腹地范围呈缩小趋势。广州 2000 年总体规划纲要就为此埋下伏笔。该纲要在"城市与区域"部分中指出，要强化广州市直接吸引区（广佛都市圈）的规划发展的协同。正是这个思路，将广州近 10 年协调城市与区域的关系限定在广佛范围之内。同质性竞争决定了广佛一体化进程缓慢。而且该规划在推进广州与周边区域融合发展方面并未提出实质性措施。

专栏6　深化广佛同城化合作的关键是实现两市的战略协同与对接

过去十年，广佛同城化合作在交通基础设施的互联互通、产业发展的互补协作、生态环境的联防联治、民生服务的共建共享等方面均取得不少进展和成效。未来，随着新一轮广佛同城化合作启动，两市更需进一步加强战略层面的协同与对接，特别是作为"老大哥"的广州应尽量将佛山的发展需求纳入自身的战略体系中，而佛山也应主动对接和配合广州的重大战略实施，这也是"更高层次同城化"的应有之义。例如，当前广州正加快构建"穗深港澳科技创新走廊"，佛山也在谋划打造"一环创新圈"，主动承接广州的创新溢出效应，这便是两市战略协同的良好范例。近年来，为缓解中心城区功能高度集聚的负效应，广州正加速实施非核心功能疏解战略，现阶段主要以专业市场外迁、村镇工业园改造为重点，下阶段有望进一步向教育、医疗、物流等领域延展，而这种功能疏解显然不应局限于本市行政区范围，广佛合作也应是未来的重要方向。此外，广州一直在谋求补强总部经济、民营经济发展短板，而据统计，佛山 2018 年民营经济增加值占GDP 比重达 62.5%，拥有世界 500 强企业 2 家、中国民营企业500 强 6 家、省百强民营企业达 14 家。大量民企总部集聚在佛山，既说明广州的营商环境有待优化，也意味着在同城化合作框架下，广州的总部经济、民营经济仍大有潜力可挖。实践操作上，广佛两市可以仿照阿里、百度等在外设立功能总部、区域总部、国际总部的经验，对两地民企总部实施布局引导与整合。

　　粤港澳大湾区的战略意图是：充分发挥综合性门户城市的广州、创新中心的深圳、金融中心的香港三大中心城市的引领作用，把产业、文化、创新、政策、人才等要素融会贯通，实现制度融合和区域协同效应。同理，在广佛同城化合作中，也应谋求在发挥各自优势的基础上形成经济上的协同效应、乘数效应，实现 1 + 1 ≥ 2。为此，一方面，广佛的产业协同不能产业相同，也不能停留在简单的产业分工、错位发展的层面上。在当今产业普遍跨界融合背景下，大中小城市更多的是围绕某些战略性主导产业实行价值链分工或同一产业链上的协作。因此，广佛应围绕某些战略性产业形成深度跨区域协作的产业带、产业链，充分发挥佛山制造业产业链齐全的优势，也能有效弥补广州的制造业短板。比如，广佛可以新能源汽车为突破口，充分发挥广州整车设计、制造和佛山零配件生产、后市场服务等的互补优势，完善广佛汽车产业链，建立汽车合作联盟，共筑汽车后市场服务体系，联手发展汽车流通、汽车金融、智能汽车、车联网、汽车文化与会展等新业态，促进广佛汽车产业集群的壮大与升级。另一方面，注重推进广佛两地的协同创新。从现实看，佛山看重的是广州的高校、科研机构等创新资源及科技成果，而广州看重的是佛山发达的制造业优势，佛山企业应积极对接广州的大院大所，参与重大科技专项的共同研发，共促科技成果的应用转化，当然，在这一过程中，广州的企业也应有效参与或引领共筑区域协同创新体系，避免单纯资源输出对本市产业的负面影响。

事实上，现阶段已公示的《广州市城市总体规划（2017—2035年)》在这方面有所补益，立足于粤港澳大湾区，并将城市腹地拓展到泛珠三角区域，但在实际发展方面，有几个问题需要突破才能进一步推动广州和腹地之间实现非中心城区功能疏解：一是地方政府之间合作机制不健全；二是各城市之间产业同构问题严重；三是公共服务的均等化有待进一步改善。

4. 外围城区的扩容提质重开发轻保护，历史文化遗产保护受严重冲击

外围城区的扩容提质是城市发展过程中自我优化和提升的行为，其基本出发点是为了提升外围城区的综合承载能力与内生动力，积极引导主城区功能疏解和外来流动人口合理分布。为实现这一目的，外围城区的部分旧建筑需要拆除，旧城空间需要重新规划。哪些旧建筑需要拆，以什么样的方式拆除，成为外围城区建设过程中需要重点考虑的问题，其中的核心因素是经济利益和文化价

值的分歧。这种分歧使得副中心和郊区新城建设与历史文化遗产保护有冲突。西方发达国家经过长时期的实践探索，形成了合理的制度性安排，新城建设中历史文化遗产得到很好的保护。由于缺乏经验和行之有效的制度安排，广州的历史文化遗产在新城建设中没有得到充分的保护。

近年来，广州致力于外围城区的扩容提质，而城市更新是副中心、郊区新城建设过程中的一个重要途径。1992 年以前，广州的外围城区建设实行政府主导模式，政府出资、政府建设，这种建设模式的基本特点是缺乏整体规划。2006 年广州提出"东进、西联、南拓、北优"概念，在政府主导下，允许社会资本进入外围城区扩容提质。不久，广州又推动"三旧改造"，在外围城区建设过程中，允许社会资金以更大的规模和多样化方式进入新城建设。

21 世纪以来，广州历史文化遗产遭破坏的速度和规模超越以前。由于外围郊区多源于城市外围区县的升级转型，部分传统历史街区被改造得面目全非，历史文化遗产与旅游、商业资源的整合和宣传力度不够，造成历史文化遗产保护尴尬的境况，其主要原因在于：

第一，资本逐利性导致开发商拆除历史建筑的冲动。资本天生具有逐利性，利润最大化是其根本动机。在缺乏有效的法律和制度约束下，开发商缺乏对历史建筑保护应有的重视。

第二，广州在历史建筑保护方面起步较晚。2014 年 2 月，《广州市历史建筑和历史风貌区保护办法》正式实施。该办法的惩戒措施轻微，导致违法成本低，而历史建筑破坏行为的最高惩罚是，对单位处 20 万元以上 50 万元以下的罚款，对个人处 10 万元以上 20

万元以下的罚款。

第三，保护资金短缺。广州历史文化遗产保护资金基本上来源于公共财政，资金缺口大。特别是花都等外围郊区，部分居住类的历史建筑产权复杂，建筑破败，设施陈旧，需要为数不小的修缮资金。广州市第六批历史建筑名单中涉及黄埔区、花都区、增城区、从化区、南沙区等外围郊区的传统村落，但其中严重损坏房和危险房约占三分之一。由于各区政府财力制约，历史建筑保护专项资金尚未建立。

5. 缺乏以轨道交通为主干多级交通体系，主城区与外围城区的联通度较低

通达性是城市的基本功能之一。然而，交通拥堵是当今大城市特征之一，"中度拥堵"是广州的常见现象，"重度拥堵"也屡屡出现。虽然近年来广州为改善交通做出了种种努力，但交通堵塞、不便利的现象依然严重。

交通通达性差主要表现在三方面：

第一，路、车矛盾突出。虽然广州地铁、BRT等快速公共交通发展迅猛，但交通设施和道路建设速度无法赶上车辆的增加速度。截至2014年年底，广州拥有汽车总量达269.5万辆，且以每年高达10%的速度递增。车路之间存在的刚性矛盾，加上城市老城区本身相对紧凑的道路交通结构，城市交通拥堵现象更加常见。

第二，"最后一公里"交通缺失。由于交通规划、建设等原因，导致公交、地铁、水巴接驳时出现"最后一公里"的难题。不少地铁站点的设置距离居民较远，根本无法解决最后一公里的顽疾，这也是为何广州"禁摩令"颁布8年之久而至今还有电动摩托车存在的原因之一；不少地段的交通规划与人口、产业、商

贸、居住脱节，不能像中国香港、新加坡一样贯彻 TOD 的发展理念，将各类交通、楼宇、人口、商贸等集合考虑，发展形成城市地域综合体。

第三，远距离通勤便捷度差。由于中心城区生活成本居高不下，包括普通工薪阶层在内的很多人被迫选择在番禺、增城、萝岗、黄埔、南沙等郊区购房或租房，但多数人依然在越秀、天河、海珠等主城区工作。按理说，串联城市中心区和郊区的交通供给应该是政府提供公共服务的一部分，但目前的公交线路远距离覆盖方面工作做得很不到位，城郊之间的常规交通建设严重滞后，多由各房地产商推出的楼巴作为补充，由于车辆少、发车频次有限等原因，居民整体的出行体验与感知较差。

造成广州交通通达性差的因素广泛存在于城市规划、建设和管理等各个环节。主要表现在：

第一，交通规划建设缺乏系统性和前瞻性。交通规划通常要对人口、客流量、产业变动、土地等因素进行综合考虑，并做出相应的预期。实际上，广州的一些交通规划往往与实际需求脱节。特别是城市外围地区的轨道交通规划和布局没有与当地的人口、商业、商贸、居住等方面相匹配，脱节现象普遍存在。很多地区楼宇发展在先，公交配套设施建设在后。交通设施的建设往往是疲于奔命地跟在城市扩张后面，未能起到引领发展的作用。轨道交通不应仅仅是改善城市交通的公益性设施，还应该作为政府引导城市综合发展的工具和手段，具备优化城市结构、引导人口疏散、改善土地使用、沿线土地开发、减少城市公共财政压力等复合型功能。

第二，交通规划空间布局不合理。广州交通规划重点为中心城区和重要主干道，与城市空间发展要求不相适应。以综合客运枢纽建设为例。目前广州市共有9个综合客运枢纽，包括1个航空综合枢纽、4个铁路综合客运枢纽和4个公路综合客运枢纽，主要分布在市中心城区。这样的空间布局无法满足广州"123"的城市空间发展要求。

第三，交通基础设施建设滞后。一是交通设施供给跟不上需求发展。广州是"公交都市"的试点城市，但公共交通的基础设施投入存在较大缺口。例如，公共交通（主要为地面公交）的路权和优先通行权还有待提高。广州市区目前运营公交线路道路总里程约3450公里，公交专用道320公里，占比为9.3%。地铁的修建受征地等因素制约，建设进度滞后于规划要求。二是市政路网规划陈旧，路网更新困难。市政路网除了系统性交通功能外，也是给排水、燃气、电力、通信管网和地下综合管廊、城市轨道交通的载体。多功能要求使得路网更新拓展变得复杂。市政路网专项规划过于陈旧，制约了路网更新。主要表现在：控制性详细规划未覆盖无法办理规划审批手续；控制性详细规划与土地利用规划不符（甚至有现状道路土地利用规划为农用地或绿化用地情况），无法办理用地审批手续；道路线位从整条村中间穿过，需要大量拆迁而无法实施；等等。这些问题使得市政路网及相关专项规划可实施性不强。

第四，交通管理缺乏科学性。有关部门在实施交通管理时仍然秉承落后的"管""限"模式，缺乏足够的疏导取向和服务意识。政府决策前缺乏充分调研，决策过程中缺乏民主协商机制，决策后忽视反馈。交通管理上的条块分割导致各种交通方式无缝接驳出现问题。

专栏7　花都区承接中心城区非核心功能疏解存在的突出问题

广州空港经济区横跨花都、白云两个行政区，其中位于花都区的地域面积为200平方公里，涵盖了花东镇、新华街、花山镇和雅瑶镇4个镇（街）。目前，空港经济区在管理体制上存在的主要问题有：一是空港经济区的管理体制机制有待完善。在市空港委成立后，由于市"三定"方案赋予其的审批职能至今尚未得到根本落实，导致广州空港经济区在项目立项、准入、用地报批、规划建设等方面的审批效率不但未能得到有效提高，反而对空港经济发展增加了一层障碍。例如，以花都区空港委辖区为例，目前机场高新科技产业基地内正准备签订《投资服务协议书》的项目13个，此项工作需等待市空港委出具准入意见后才可实施，然而却因市空港委无法行使相关管理权限导致停滞不前，从而严重制约了花都区空港经济的发展。二是用地手续办理和土地出让时间过长。由于用地报批手续烦琐，使得土地出让手续的办理时间越来越长，导致空港经济区内一些落户企业开工建设和投产计划延误，影响了空港经济区重点项目建设。鉴于目前空港经济区特殊的管理体制，在管理、审批环节上掣肘较多，导致其运行效率及辐射带动作用难以充分发挥。

外围城区要承接主中心的人口及产业转移，需要有快捷方便的交通网络体系，从花都区交通体系来看，还存在如下制约：

一是花都与主城区的交通联系通道不顺畅。目前，联系主城区的有广清高速、机场高速、广花路、106国道，高速公路实行收费制，而广花路、106国道车辆多运行速度较慢，到广州市的公交线路只有2条，严重影响和制约花都与广州市中心城区的交通联络。

> 二是机场周边综合交通体系尚不完善。机场及空港周边配套硬件设施建设仍然明显滞后，重大交通基础设施如地铁、轻轨、铁路、公路、港口和机场之间衔接不畅。机场周边快速路网，如迎宾大道东延线等工程多年仍未打通，严重制约了空港经济区发展潜力的释放。
>
> 三是广州北站至白云机场的空铁联运不够顺畅，缺乏快速交通接驳方式。

6. 流动人口管理滞后，人口融合难度大

人口频繁、大规模地流动是城市化过程中常见现象。作为国家中心城市之一的广州，外来人口规模巨大。广州外来人口对广州经济社会发展做出了重要贡献，同时也给广州的城市建设、管理等带来了挑战。广州外来人口主要包括国内的流动人口和外籍人口。

广州的国内流动人口呈增长趋势，未来十年将继续保持这种趋势。据测算，2020 年广州市将新增 150 万—160 万非户籍常住人口，加上现有的基数，总数将达到 650 万左右。外来人口主要分布在广州制造业和服务业，通常聚居在城乡接合部、"城中村"和工业园区。聚居模式主要包括同乡聚居和同业聚居。同乡聚居模式最为常见，形成小区域的亚文化群体，族群认同程度高，容易产生群体性事件。外来人口普遍存在就业难、随行子女入学难、讨薪难、缺乏医疗等社会保障等问题。由于各种因素，外来人口市民化进程非常缓慢。

随着广州开放型经济发展，越来越多的外籍人口进入广州。据统计，在穗临时居住的外国人口达 192 万，常住外国人达 2.8 万。外籍流动人口主要来自非洲地区、中东地区和亚洲地区。其中，来

自非洲地区的外籍流动人口约占 1/2，且大部分是非法入境、非法居住、非法就业的"三非"人员。非洲籍人员在广州的分布呈现聚集居住的现象，以小北路、环市路、三元里为中心，往北延伸至机场路、广园路，往西至南海，往南至海珠区、番禺区。外籍人员给广州城市管理带来了严重压力，已引发和潜伏的问题主要表现在：刑事犯罪、聚众闹事等治安问题，疾病传播、跨国婚姻和非婚生子等。从长期来看，外籍人员增多是大趋势。目前，针对外籍人员的管理，广州是被动应对。关于外籍人员在广州居住、就业、公共服务、文化融合等方面缺乏前瞻性规划。

专栏 8　从化区承接中心城区非核心功能疏解存在的突出问题

为了保护生态系统，从化放弃了很多发展项目，做出了很大牺牲，造成了从化发育不良，城镇集聚效应偏低的问题。大量人口依然在乡村居住，由于生态补偿标准偏低，难以推动从化的进一步城市化进程。目前广州的生态补偿标准虽然已经达到了每亩 80 元的标准，但是对于生态控制区域的经济发展的推动来说还是远远不够的。为了保护流溪河水质，从化除了做好产业合理布局外，还需要对城区的污水管网进行更新改造，全面实现水污分流，建设污水管网以及污水处理厂的运营费用巨大，需要市级层面的补偿和支援，生态林的补偿标准也需要适当提高，更重要的是需要增加造血功能。

近年来，随着从化升为郊区新城以及地铁 14 号线的即将进驻，从化的房地产业迎来了新的春天，独特的生态优势、优惠的价格和购房落户政策，让从化一度成为广州楼市的热点区域。从街北高速到流溪河两岸，遍地开花地排列着密集的房地产项目，然而，由于过度追求经济效益，房地产建设存在密度过大，配套不完善，环境牺牲较大，偏离了从化作为世界温泉之都和生态居住区的发展定位，也偏离了作为广州生态屏障的城市功能定位，带有明显的急功近利倾向，对从化未来的发展品位必将产生负面影响。

第三章 广州非中心城区功能疏解的
战略谋划与路径选择

近年来，随着广州城市功能布局向各方向扩散，多点支撑的空间格局正逐步成型。但从各城区的发展现状可以看出，原有支撑广州发展的中心城区已经趋于饱和，以"单中心"为特征的空间布局过于膨胀，功能紊乱。广州在新一轮城市总体规划编制中，明确了建设全球城市的战略目标，形成"主城区—副中心—外围城区—新型城镇—乡村"的城乡空间网络体系，客观上也要求对城市空间布局进行重塑。在这种趋势下，必须在整合和提升广州原有中心城区功能的基础上，高起点规划一批新的城市副中心，将原来高度集中的城区功能对外分解。

为此，广州市市委十一届四次全会报告提出，要有效疏解非中心城区功能，促进中心城区高度专业化。下一步，广州要以疏解促提升、促治理、促承接、促发展，加快非中心城区功能疏解，在郊区布局完善的基础设施和公共资源，依托南沙副中心、花都城区、空港经济区、知识城、番禺南部城区、从化城区和增城城区的发展基础，全面承接中心城人口、产业与功能疏解，加快广州与周边城市的同城化发展进程，带动粤港澳大湾区、泛珠三角地区要素优化配置和自由流动。

一 广州非中心城区功能疏解的战略愿景

紧扣粤港澳大湾区国家战略，围绕广州建设引领型全球城市、国际大都市、枢纽型网络城市的战略部署，树立"多中心、组团式"的发展理念，坚持调整疏解和提质增效相结合，采取"协同、共享、优化"的疏解策略，以"限制低端业态、产业转型升级、城市更新改造"为主要突破点，分层、分步骤梳理出非核心功能负面清单，引入大数据等先进方法，跟踪分析重点产业的主要指标，定期调整产业清单，保持城市产业结构优化长效性，进一步强化广州枢纽型网络城市功能、提高全球资源配置能力、推动国家重要中心城市建设全面上水平，为在全省实现"四个走在全国前列"、当好"两个重要窗口"中勇当排头兵提供重要支撑。

二 广州非中心城区功能疏解的基本理念

1. 坚持优化存量与培育增量并举

顺应全球新一轮科技革命与产业变革浪潮，以新一代信息技术作为产业升级的突破口，着力扶持壮大经济新动能，积极培育战略新兴产业和新业态、新模式等增量。同时，优化提升传统优势产业，通过应用新技术、创立品牌、研制标准、创设平台以及争取市场控制权等方式，推动传统商贸、旅游、会展、饮食业等脱胎换骨，实现凤凰涅槃。

2. 坚持产业转型和城市更新相促进

以城市更新改造引领产业布局与发展方向，以优质载体供给支撑产业转型升级，统筹城市功能布局与重大产业平台、产业园区、产业基地建设，实现产城融合。创新土地政策，加大政策创新与突破，积极推进城市更新改造，为高端产业发展腾出土地空间。同时，以更高层次的产业形态推动城市更新改造计划，提升城区发展质量。

3. 坚持自身发展与区域协同联动

在合理布局、精心谋划完善产业体系的同时，充分发挥总部经济与商务枢纽优势，携手周边地区构建区域产业体系，打造"总部—制造基地""金融—实体经济"跨区域产业格局，有序引导低端业态与环节疏解外移，稳妥推进"腾笼换鸟"，同时吸引周边企业总部落户，使周边产业转移承接地成为广州产业价值链的有机组成部分。

4. 坚持市区联动与多方合作相呼应

作为国家中心城市，广州拥有大量国家、省级战略性产业资源，谋划建立区域产业体系，需要争取国家、省机构的统筹协调、政策配合与资源支持，以突破行政分割瓶颈。同时，还要注重运用全球智慧和多方力量参与区域产业谋划，充分发挥驻区市场平台、龙头企业以及非政府中介组织和行业协会的作用。

5. 坚持长远谋划与短期行动相结合

谋划建立符合广州实际的现代产业体系，既需要短期、具体的政策推动，更需要长期、系统的制度安排来支撑。既要着眼于城市核心区经济长远可持续发展，制定富有战略远见的中长期产业规划，还必须有明确可行的实施"路线图"，包括在具体时点、区域上的重点产业、重点园区、重点项目，以及能够短期见效、可实施可操作的行动计划。

三 广州非中心城区功能疏解的重大举措

1. 以疏解强化中心城区功能

初步建立起新增产业和项目准入动态调整机制，低端业态和部分公共服务业存量疏解工作取得重要进展，城区功能空间布局进一步优化，门户枢纽、资源配置、信息集散、研发创新、高端总部运营等五大中心城区功能得到强化。

2. 以疏解带动产业转型

要素资源配置效率明显提升，创新能力稳步提高，新的发展动能持续壮大。主城区高端高质高新现代产业体系基本形成，总部经济占 GDP 比重超过 55%，现代服务业增加值占地区生产总值比重保持在 70% 以上并持续提高。

3. 以疏解改善城区环境

城市更新取得突破，基础设施和公建配套不断完善，城市硬件和软件建设同步优化，市容环境更加干净整洁，城区环境更加标准化、精细化、品质化，城区更加宜居宜业。

4. 以疏解优化人口结构

人口综合调控改革形成工作突破口，人口管理服务水平明显提升，建立起完善的人才培育引进机制，本地人口与外来人口包容共进，人口规模与经济社会发展更加适应，与资源环境承载能力更加一致。

四 广州非中心城区功能疏解的目标导向

1. 注重政府引导与市场推进相结合

既要加强政府行政资源的统筹与协调，强化主城区和郊区新城建设与相关规划的衔接，使各项工作都能按照非中心城区功能疏解的定位有序推进，又要引导和鼓励社会力量、社会资本参与非中心城区核心功能疏解，探索建立社会资本参与中心城区非核心功能疏解的利益分享机制。

2. 注重市区联动与向上争取相结合

既要增进市区两级的交流合作，强化非中心城区功能疏解的综合协调，共同解决各重点领域疏解过程中遇到的困难，又要向上级部门争取先行先试，实施差别化土地、财政、产业等政策，为非中心城区功能疏解探索路径、积累经验。

3. 注重中心提质与外围扩容相结合

既要加快中心城区转型升级，激励低效用地再开发，重点盘活城市更新改造用地、批而未用地、闲置土地等存量土地资源，为规划建设各增长极提供新的空间载体，又要注重外围城区扩容提质，全面承接中心城人口、产业与功能疏解。

4. 注重短期见效与长期规划相结合

既要在短时间内有效疏解非中心城区功能，又要结合城市副中心建设、综合交通枢纽、大型公共设施、城市更新改造等重大项目，积极谋划新建一批具有较大增长潜力的郊区新城，从长远角度优化城市空间格局。

5. 注重硬件设施和软件环境相结合

既要着力完善现有副中心和郊区新城的硬件基础，加快相关配套设施建设，改善中心城区与郊区新城主要节点之间的互联互通，又要积极改善各郊区新城的软环境，加大公共服务平台搭建、品牌建设、要素强化等政策支持，优化商居环境，增强郊区新城对主城区的反磁力效应。

五 广州非中心城区功能疏解的实施路线

从发达国家的经验看，非中心城区功能疏解是一个漫长的过程，一般需要 30 年左右的时间，如纽约、伦敦、东京、巴黎等国际大都市的非中心城区功能疏解均用了超过 40 多年的时间。因此，广州非中心城区功能疏解也必须立足长远，不能期望一蹴而就，三五年就幻想大变样。一般而言，即使支撑非中心城区功能疏解的骨干项目会在几年内完工，这些重大项目建成后完善功能、配套服务、引入产业、发挥效益等还有一个漫长的过程。因此，在非中心城区功能疏解方面，广州必须有长期（至少 20 年）的计划和准备，依靠"放卫星""大跃进"的方式推进副中心只能是揠苗助长，最后会导致根基不稳，隐患丛生，质量不高，难以形成多核心、组团式、网络化的城市发展格局。

从广州的实际看，非中心城区功能疏解建设应该遵循"先易后难、先硬件后软件、先核心后外围、先集聚后扩散、先试点后推开"的原则，建议按三个阶段稳步推进（见表 3 - 1）：

表 3 - 1　　　　　广州非中心城区功能疏解分阶段任务

阶段划分	分步工作任务	落实主体
近期 （2018—2020 年）	建立"市区联动"的副中心建设工作推进机制，成立市级层面的非中心城区功能疏解领导小组	市政府
	各区（市）制定非中心城区功能疏解实施方案，梳理首批疏解项目；同时，在市政府指导下成立或选聘具有较强资源统筹能力的副中心或郊区新城合作开发公司	各区（市）
	成立指导非中心城区功能疏解的专家咨询委员会，委员包括经济学家、社会学家、规划学家、建筑大师、文化名人、历史学者、区域代表、民间意见领袖等	市政府

续表

阶段划分	分步工作任务	落实主体
近期 （2018—2020年）	精心评估，做好项目时序安排，优先推进较为成熟的南沙、花都、增城核心区及其新城区建设，稍后再相机、适时推进从化温泉新城建设；优先推进核心区具有实施条件的基础设施项目、部分带动力较强的示范性产业项目和区域紧迫性民生项目	各区（市）
	按照国内外经验，制定针对非中心城区功能疏解的政策体系及有关体制创新方案，率先在非中心城区功能疏解中进行政策和管理体制改革试点，破除建设中的政策体制性障碍	市政府、专家咨询委及各区（市）
	制定全市非中心城区功能疏解监测考核体系，为评估考核非中心城区功能疏解进度、成效提供科学手段	市政府
中期 （2020—2025年）	对"十三五"期间非中心城区功能疏解推进工作进行总结、评估和表彰，同时研究制定"十四五"非中心城区功能疏解实施的工作目标、任务和措施	市政府和咨询委
	全面启动城市重点扩展区或外围卫星城的建设，加快推动相关功能完善和人口导入	各区（市）
	全力开展对主城区外围大型居住组团和工业组团的功能配套和服务投入，加快形成城市氛围，提高工业园区发展品质	各区（市）
	大力推动各副中心、教育新城与主中心及其他周边地区的区域合作，谋划一批跨区域合作项目，提高外围城区的对外辐射力	市政府、各区（市）及其他专业机构
	在示范项目建设的基础上，探索推进非中心城区功能疏解的有效机制或模式，并在各区中推广。	市政府
远期 （2025—2035）	积极进行城市营销，全力向全球进行品牌宣传、招商和路演，强力吸引大资本和高端人才入驻，提高副中心、郊区新城的国际知名度	市政府
	优先推动副中心、郊区新城的文化建设，注重延续和保留地方历史文脉，完善高雅文化设施建设，大幅提升外围城区的魅力和文化品位	各区（使）
	大力实施推广城市人本化、智能化和精细化管理，不断提高副中心、郊区新城的环境品质，全力营造"宜居宜业宜游宜商"的舒适的生产与生活休闲空间	各区（市）

第四章 广州非中心城区功能疏解战略的主要任务

现阶段，广州在城市发展过程中，应稳步推进中心城区的非核心功能向郊区有序转移，促进教育、医疗等资源在全市合理布局，以及技术、人才、信息、资本等要素向节点性城市流动和聚集，形成具有全球示范效应城市空间组织形式。在这种趋势下，如何识别需要疏解的城市功能、制定切实有效疏解路径、稳定疏解效果、确定非中心城区功能疏解重点任务等问题接踵而来，在此背景下对广州城市非中心城区功能疏解问题进行研究，其重要性自然不言而喻。为实现广州非中心城区功能疏解的目标，推动优质人口、产业资源、公共服务、基础设施等要素向郊区新城转移和集聚，特提出以下重点任务。

一 准确把握集中与分散的关系，构建健康有序的多中心城市格局

随着城市的发展和演变，国际大都市一般会由单中心结构向多

中心结构演化。顺应这一规律和趋势，过去十年广州也先后规划建设了 15 个中心镇、多个郊区新城和三个城市副中心。但从实际看，城市单中心化"集聚"还在加剧，而"分散"的效果则差强人意，郊区化运动进展迟缓，职住分离现象依然突出。基于这一状况，未来广州应致力于构建健康有序的多中心城市结构，在 CBD、新城、副中心建设等多个尺度上优化城市结构。

1. 控制中心区无序扩张和过度集聚

从实际看，广州市尽管实施了"中调"战略和"退二进三"，但目前中心城区功能仍相当庞杂，不仅有 CBD 的职能，而且高度集中了全市主要的商业中心、行政办公、高等教育、文化娱乐、医疗保健、科学研究等诸多职能，以及很高比重的居住职能（包括大量城中村）。与此同时，外围副中心、新城和中心镇建设却进展缓慢，难以有效分散和承接中心区职能外迁，其结果是造成了较严重的"大城市病"。下一步，广州市调整和优化城区功能规划的重点任务包括：

一是完善规划实施保障机制。坚持高位统筹，以规划促疏解，在已有"三规合一"成果基础上整合各类空间性规划，编制统一的空间规划，推动形成全区"一本规划""一张图"管理模式。抓紧编制专业市场整合改造提升规划、公共设施配套规划等直接关系到主城用地功能布局优化和土地利用率的重要专项规划。积极向上争取试点建立规划用地的弹性调整机制，重点调整土地利用结构，对低效用地进行功能置换，限制商住混合类型项目，着重发展高端商务办公楼宇，提高现代服务业用地比例。

二是严格控制非中心区功能"增量"。严禁新建或扩建除满足市民基本需求的零售网点以外的以"三现"交易模式为主的传统专业市场，严禁新建或扩建未列入规划的区域性物流中心，控制中心城区无序蔓延，加快搬迁专业市场，严禁低端产业项目引进，控制中小学、医院、养老院等重复布点，积极盘活中心区低效公用物业，提高中心商务高度和密度。

三是适度分散中心城区部门职能。顺应逆城市化趋势，分散中心城区职能，疏解部分文化职能、部分经济管理中心职能、部分行政职能以及部分商业、市场交易职能，逐步引导行政办公、高等教育、科学研究等功能性机构外迁，要制定优惠政策和措施，运用经济杠杆，鼓励中心区企事业单位和居民迁往副中心或郊区新城。

2. 按 21 世纪标准建设 CBD

一般而言，特大城市的空间格局将呈现由单核心结构向多核心结构演变，在此过程中，CBD 大多演化为"一主多副"的 CBD 体系，一方面，原 CBD 职能越来越高级，越来越专业；另一方面，某些次级职能逐步向外分散和转移，并与大都市的某些新城（区）建设相结合，形成若干新的 CBD 或 RCBD（即副中心），且日益呈现不同的区域特色。经过 20 多年的努力，广州规划形成了一个超级 CBD——由珠江新城、国际金融城、琶洲总部会展区所构成的"金三角"地区，其合成规模堪称世界之最。

下一步，根据国际经验及 CBD 建设的新趋势，广州 CBD 建设应注意以下几点：

一是高度集聚。根据"墨菲法则"，CBD 是中心商务高度指数（CBHI）大于 1、中心商务密度指数（CBII）大于 50% 的连续街区，故"金三角"地区需进一步调整优化功能结构，增大商务办公比重，增加商务办公设施集中度。据统计，纽约、伦敦、东京、巴黎、芝加哥等世界大都市 CBD 的办公建筑规模均占到全市一半以上，有些甚至达 60%—70%。

二是各具特色。CBD 体系内各子 CBD 之间应形成不同层次、各具特色的发展格局，避免 CBD 同质化，注意打造具有不同功能特色的 CBD，最好在功能上能够有机互补、互为支撑。

三是 CAZ 趋向。为防止传统的 CBD "死城"现象，当前国际 CBD 出现了一种新趋势，其核心方向就是从以企业需求为出发点的传统 CBD 建设理念转向以人和企业的共同需求为出发点的中央活动区（CAZ）建设理念，强调以人为本，加快推进单一功能的 CBD 向地域范围更广阔、产业体系更完善、服务功能更综合的 CAZ 转变，不仅包括金融、商务、总部等核心职能，而且包括了众多文化、旅游、零售、娱乐、媒体、展示等众多辅助性功能，拥有相当数量的剧院、画廊、博物馆等文化设施以及众多旅游景点和公共休闲场所。

四是注意建设生态型 CBD。CAZ 概念下的 CBD 日益呈现生态化趋势，不仅 CBD 区域范围大大拓展，而且低碳、绿色、宜居元素大行其道，一些大都市在其 CBD 内或中轴线上布置了相当比重的人工湖、公园或绿色廊道等，而微型绿化则处处点缀，遍布全区。

3. 重新认定并规划建好城市副中心

特大城市一般呈现"一主多副"的多中心发展格局，城市副中心（即 RCBD）与 CBD 在空间上虽不一定紧密相连，但相互之间的距离也不宜太远，应保持在一定限度内。世界主要大都市的 RCBD 距离 CBD 的距离都不太远，半径大多在 5—20 千米范围内，这与那些规划在远郊动辄达 50—100 千米的次中心形成了鲜明对比，这是我们规划 RCBD 时要特别注意的地方。从现实看，广州应在都市区层面尽快明确番禺北部新城（南部副中心）、白云新城（北部副中心）、白鹅潭商业中心（西部副中心）、黄埔临港经济区

（东部副中心）、萝岗中心区（东北部副中心）等城市副中心的定位，以"转型、提质、升级"为导向，从商业服务和生产服务业方面加强这些地区的产业布局和资源投入，加大市级财政的实质性支持，完善重大公共设施建设。

专栏9 高水平建设南沙城市副中心，打造粤港澳优质生活圈示范区

为进一步发挥南沙自贸区"金融业对外开放试验示范窗口""率先构建开放型经济新体制先行区"的作用，推动城市副中心建设，更好地服务大湾区建设等国家战略，下一步南沙要对标国内外先进城市，积极探索创新城市规划建设管理模式，以自贸试验区功能片区建设推动城市功能组团集聚发展，打造粤港澳大湾区"半小时交通圈"，构建优质公共服务体系，建设新型智慧城市，不断提升城市国际化水平和发展质量，主要重点任务包括：

强化规划战略引领。坚持高点定位，对标雄安新区，高标准推进城市规划建设管理。创新规划管理体制机制，引入全球一流团队，制定新一轮南沙新区城市总体规划（2021—2035），同步启动总体城市设计、地下空间开发利用等专项配套规划。开展明珠湾起步区、南沙湾、南沙枢纽等重点片区的控规修编及城市设计，完善重点地区总设计师制度。建立"多规合一"长效机制，统筹配置城乡空间资源，形成规划"一张图"共享共用共管。

加快建设区域综合交通枢纽。围绕构建粤港澳大湾区"半小时交通圈"，加快轨道、高快速路、市政路网建设，强化与市中心及珠江口东西两岸的交通联系，建设便捷智能的区内交通体系，打造区域综合交通枢纽。

加快城市重点功能组团集聚发展。明珠湾起步区加快总部经济、金融服务、商贸服务、科技创新等高端产业项目导入，规划建设南沙大剧院等项目，确保起步区2020年形成规模。蕉门河中心区推进总部经济集聚区建设，加快完善市政基础设施，积极导入高端教育医疗资源，不断提升"城市客厅"综合服务功能。大力推进城市更新，推进西部工业区等区域土地连片收储开发，加快推进"三旧"改造和产业小镇项目建设，升级改造一批镇村工业园（区），争取3年内对南沙街、黄阁镇重点区域全部旧村实施更新改造。适度超前规划建设市政基础设施。探索土地管理改革综合试点，加快推进土地收储工作，争取新增建设用地规模，建立土地节约集约利用新模式。探索征地拆迁新模式，健全征地拆迁安置和补偿机制。

构建优质公共服务体系。用心办好民生实事。加快推进广外附小、广大附中和广州二中南沙天元学校等项目建设，新增一批中小学优质学位，深化基础教育课程改革实验区建设，探索"人工智能＋智慧教育"模式，打造国际化合作教育园，进一步提升教育水平和品质。全面启动国家健康旅游示范基地建设，加快中山一附院南沙医院、省中医院南沙医院、市妇女儿童医疗中心南沙院区、光华口腔医院等项目建设，推动中山大学眼科中心、肿瘤防治中心等项目落户，完成中心医院二期后续工程建设，深化三级医疗机构综合改革，建设智慧医疗网络，打造大湾区医疗卫生新高地。加强社会保障体系建设，扩大社会保险覆盖面，全面推行重大疾病医疗费用"二次报销"制度。推进社区居家养老服务，构建示范性公建民营养老服务体系。组建公共资源投资管控平台。

建设"AI+"新型智慧城市。加强智慧城市顶层设计，年内形成建设总体框架，编制实施智慧城市基础支撑专项规划，积极部署5G网络和新一代互联网（IPv6）。启动"城市大脑"建设，完善智慧南沙公共信息服务平台，建立智慧城市综合管理平台，整合政府部门和社区网格化数据资源，推进医疗、教育等公共服务领域数据资源有序开放和共享，形成一批"人工智能+"应用案例，加快北斗城市应用示范工程等项目建设，打造全国领先的人工智能城市典范。积极推动国际数据安全流动，试点开展离岸数据服务，打造粤港澳大湾区数据特区。

4. 打造各具特色的郊区新城，避免成为"鬼城"或"卧城"

针对过去广州市新城建设中存在的遍地开花、人气不足、职住分离等问题，建议：

一是坚决采取"产城结合"的理念模式。注意增加新城区公共服务配套或在新城区创造足够的就业机会，以避免形成"卧城"或"鬼城"等城市异化现象。

二是鼓励推动郊区化运动。加大对新城公共服务设施投资的转移支付，鼓励合作办学办医，实施优惠交通政策，对轨道交通运行实施低票价和票价递减政策，制定和落实中心区产业向新城迁移的优惠政策。

三是分批分阶段推进新城建设。为避免新城建设"大跃进"风险，建议采取分步分级推进的策略，切忌遍地开花，实施分阶段、集中资源推进新城建设，也可为未来预留更多弹性空间。

四是提高新城基础设施配套建设力度。加快新城与中心城区的轨道交通联系，减少新城与中心城区疏离感，提高新城居住吸引力，防止人户分离、职住分离等问题，有效发挥新城对中心城区人口、职能的疏散作用。

专栏10　实施差异化发展战略，打造和凸显郊区新城的功能特色

实施郊区新城的差异化发展，就是发挥各个新城区位优势、交通优势、资源优势、生态优势、人文优势，通过实施差异化发展战略，大力培植城市的主导功能特色，通过郊区新城的资源整合和文化元素重构，探索区域特色发展路径，避免同质竞争和低水平重复建设。应坚持"人无我有、人有我优、人优我特、人特我舍"的发展原则，努力实现各郊区新城发展战略、主导产业、城市形象、发展路径、建设模式的差异化。在引导郊区新城区域差异发展的前提下，同时加强郊区新城与都会区在功能衔接上互补，尤其是在地铁公交、教育、文化、医疗等公共服务设施建设方面要加强都会区与郊区新城的衔接，强化都会区与郊区新城互联的抓手建设，实现融合发展。

花都应着力建设"空港新城"。充分利用中国第三大枢纽机场的优势地位，做大做强临空产业集群，丰富和细化临空产业内涵和产业链，高起点规划建设空铁联运走廊，充分利用郊区新城建设的契机理顺空港经济区的管理架构，建设好以空港经济为特色的城市中央活动区。在东部规划建设148平方公里的健康产业功能片区，打造以山地生态保护功能为主，以健康产业为核心，集医药制造、职教培训和健康服务配套于一体的生态新城。

从化应主打"世界温泉之都"。从化资源特色较为突出，应主打国际生态休闲度假牌，即立足从化的世界珍稀温泉和生态资源优势，完善旅游、会议、运动、健康、疗养、文化、商业等服务设施，建设宜居宜业宜游的"世界温泉之都"，以此引领国际高端生态区、幸福导向型产业特色区、"美丽城乡"融合区的建设。

增城应突出"绿色工业名城"的定位。增城经济较发达，未来潜力也最大，但目前作为副中心的主导功能特色最不明显。增城地处东部交通枢纽地，拥有国家级开发区，生态休闲资源优势也极为突出，结合区位特征及资源优势，增城未来似应突出"绿色工业名城"这一主导特色，重点打造东部现代产业新区和生态宜居新城，大力发展生态型工业以及文化创意、科教研发、高端金融、区域性总部等现代生产服务业。

二 正确处理新城区与旧城区发展关系，有效推动城市有机更新

改革开放以来，广州的城市建成区加速东移，以天河为代表的新城区实现了惊人的扩张，逐渐成为广州城市的新核心、新代表。同时，广州是一座具有 2300 年历史的名城，更是世界少有的城市中心 2000 多年未曾变动的古城之一，遗留下来的老城区规模不小。随着城市重心的东移和公共投资向新区的倾斜，老城区面临着就业机会和活力人口逐步外流等一系列问题，城市中心区功能面临着巨大挑战，旧城更新发展刻不容缓。

1. 坚持城市更新改造的多元目标

城市的更新改造并非仅仅是环境整治问题，还包括了产业结构转型、经济体制转轨、居民的身份及生活方式的转型，以及解决城市中低阶层和外来人口居住问题等。因此，要认识到旧城更新改造

是一项多目标的地方治理过程。如果仅仅满足单一的目标，由于各种力量互相作用，结果往往会使目标偏离预定的方向，并且使后来的更新成本和难度进一步加大。为此，在推进城市更新项目过程中，要贯彻"以人为本"的原则，充分考虑社区居民对人际交往、文化娱乐、教育、就业等方面的社会需求，在硬件环境改造、经济开发的同时考虑原居民的社会文化需求，促进区域环境优化、产业转型升级和历史文化保护相协调。

2. 适度抽疏旧城区，加大城市公共空间的供给

旧城区积聚了省市政府办公区、公共服务设施和大量国企总部，为避免新城区发展把旧城区的财税资源吸走，必须优化旧城区环境和功能配套，具体建议是：适度抽疏老城区，在北京路地区、花园酒店广场、中山八路等区域，尽量增加公共绿地、广场、绿道、公共停车等公共产品，同时对于历史文化街区，鼓励产权交易，让愿意也有能力使用、维修历史建筑的使用者参与活化利用，鼓励私人产权设施增加开放度和公共性。

3. 注意运用多种手段逼迁传统型专业市场

目前，旧城区已经被低端专业市场侵蚀得无法居住，大批经济条件好的原居民外迁，甚至小商业也被高租金的批发档口赶走，旧城区的专业市场群严重损害了广州历史城区的生活环境，导致旧城区日益贫民窟化！为改变这一不利状况，必须通过规划调整、加强管理力度等多种手段，加快低端专业市场关停外迁，重点推动历史文化名城保护区范围内专业市场外迁，积极为退出专业市场经营的载体场所提供高质量的业态引导及招商引资服务。按照"部门协调督办、分片联动"的原则，整合现有执法力量，对广州中心城区"三不"等低端专业市场实施重点整治。每年至少关停或搬迁30个

低端专业市场。推广应用专业市场转型升级公共服务平台,支持传统专业市场和商贸企业转型打造体验中心、品牌之家和定制中心。结合安全生产专项整治行动,持续加大对消防安全问题突出的专业市场的整治力度,对消防安全隐患实行零容忍。加大对专业市场"住改仓""住改商"等行为的打击力度,对经营、仓储、居住混杂现象进行全面清理。

4. 调优空间布局,促进产业升级

借助全市"三旧"改造、产业"退二进三"、发展现代服务业政策以及电子商务、现代物流业、创意文化产业兴起的契机,利用老城区广府、西关文化品牌知名度高、历史文化名城格局完整的优势,大力发展集购物、文化体验、休闲娱乐、饮食为一体的文商旅融合新业态,使老城区成为广州的特色商贸和文化休闲中心。逐步推进旧城区零散工业用地功能转型。

5. 实施广州传统中轴线提升工作

编制广州传统中轴线规划设计方案,实施北京路北段、中段的人文景观提升和惠福美食花街的优化提升,落实"历史文化街区范围内增设保护区用地"内容,建设北京路文化旅游区智慧旅游导览系统,打造"两纵两横""四季花街",筹划建设体验式粤菜博物馆、花市博物馆,实施一江两岸环境品质提升工程,推进传统中轴线区域城市管理、市容市貌、人文景观的优化提升,进一步挖掘历史文化资源,组织开展非遗展示及各类文化旅游活动,积极申报世界优秀旅游目的地,擦亮广州"千年古城、美在花城、食在广州"的城市名片。

6. 推进老旧小区微改造

有序推进老旧小区微改造工作,消除居住安全隐患,完善社区生活设施，改善公共服务设施，落实长效管养，实现社区人居环境有序改善。争取市相关部门支持，实行全面改造模式，探索异地平衡和旧城改造房屋征收制度，拆除片区内现有低矮、破旧房屋，将土地整理为安置地块和融资地块。

7. 因地制宜推进"城中村"改造

一是制定"城中村"改造分类指引。对于微改造项目，以城市设计与历史文化街区保护利用规划和实施方案为引导，结合违法建设拆除治理，着重改造区域环境整治和城市服务功能提升。对于连片改造区域，将违法建设治理与"城中村"连片开发更新改造有机结合，明确规划定位和规划目标，重点实施拆除改造。属规划公共配套设施用地的，拆除后以政府储备为主。属复建安置及规划融资改造项目，结合城市规划与设计，通过优化地区规划和配套功能设置等，平衡改造主体经济收益，加快推进更新改造。

二是制定开发改造模式的指引。可以从以下三方面综合考量：首先，规划引领。为了避免"城中村"改造沦为开发商"圈地运动"，必须严格遵守规划引领，统筹城区功能再造、产业结构调整、生态环境保护、历史人文传承等，实现改造后产业功能优化、产业布局合理化。其次，开发与保护相结合。改造开发项目若属于旧建筑保护项目，建议采取原状修饰和局部拆建的改造模式，尽量保持原有建筑的历史风格，原状修饰外皮，改造内部结构和功能。最后，开发与运营相生。对物化环境和功能内涵双向调控，改造后物业引进项目，必须有导向性地挑选客户，并不单纯追求入住率。

三　正确把握历史与现代的关系，打造岭南风韵与都市时尚相融文化名城

加力深挖城市历史文化底蕴，不断丰富动感时尚元素，努力使广州既有浓郁岭南文化底蕴、特色文化节庆的古朴感，又有国际"时尚之城""动感之都"的现代感。通过历届政府的努力，过去20多年广州已分别对南越国遗址、寺庵宫观教堂、近现代优秀建筑（群）等进行了挖掘、整治、保护和修复，恢复重现了"千年"系列遗址，在一定程度上延续了城市的文脉，凸显了城市的地域特色，保存了城市的空间记忆。下一步，针对存在的问题和不足，广州应从以下方面进一步推动世界文化名城建设。

1. 加大历史文化遗产保护与活化利用

加强工业文化遗产保护开发，重点实施历史文化街区保护和文化古镇名村建设工程，保障街区内非公有历史建筑的更新维护，优化街区或古镇内土地利用，完善街区内重点文化项目策划和建设，加大区内专业市场综合整治。落实历史文化遗产保护和紫线管理要求，重点保护好沙面、华林寺、北京路、新河浦等历史文化街区，优化其周边环境。

2. 充分展示城市现代发展新文脉

一切现代的也都是历史的。改革开放30多年来，广州城市建设及其形态布局发生了巨变，城区规模扩大了很多倍，一些具有标志意义的功能区域和建筑群见证了城市的崛起及其发展历程。一般认为，"80年代看宾馆、90年代看天河（体育中心）、世纪之交看大学城、当代要看新中轴线（花城广场、小蛮腰等）"，上述区域

构成了城市现代发展的新脉络，城市政府要注意梳理相关标志性设施，要维护好其周边环境，要通过城市营销和旅游推广来展示城市现代发展的新文脉。

3. 全力推进"最广州"建设工程

以西关泮塘、十三行、恩宁路片区为重点，加大历史文化资源整合和软硬件配套，完善旅游六要素，打造"最广州"文化体验品牌和集中展示地，强化核心文化符号的聚焦功能，增强西关文化的国际识别度，挖掘海上丝绸之路、一口通商"十三行"、中国民族资本萌芽锦纶会馆、禅宗达摩西来初地等历史人文资源。打造北京路广府文化展示区，围绕建设"广州原点、都市之心、海丝明珠、千年商都"为标志的文化核心区，在维护区域传统格局和历史风貌基础上，充分挖掘广府文化源地、千年商都核心的文化资源，创新整合核心区资源，集中展示广州古城风貌，加快创建北京路国家级旅游景区，积极推动景点共建互联，促进文商旅深度融合，不断提升北京路知名度和吸引力。精心打造长洲岛国家级生态文化旅游区，整合优化长洲历史文化资源，保护好孙总理纪念碑、北伐纪念碑、黄埔公园、济深公园、柯拜船坞、文塔等文物古迹，建设成为集观光、休闲、度假、游乐、居住、教育培训于一体，具有浓郁居住和生活氛围与教育培训环境的文化旅游小镇。

4. 构建连接历史文化景点的文化"蓝道"系统

广州中心老城区拥有大量历史文化"珍珠"，但由于单行道等交通不便的原因，这些历史文化节点的交通可达性较低，不利于文商旅产业的深度融合发展，也不利于文化遗产古迹的可持续保护和活化利用。结合城市更新改造和国家旅游城市建设契机，建议广州在老城区增加停车设施，开辟文化旅游公交专线，串联北京路、新河浦、陈家祠、上下九、锦纶会馆、华林禅寺、仁威祖庙、恩宁路、沙面、泮塘村等历史文化街区或景点，连线打造广州岭南文化风情旅游带。

5. 逐步拆除影响历史文化遗存保护的构筑物

随着城市化的高速推进，为缓解老城区交通可达性等需求，广州在历史上先后建设了一些影响文化街区或遗产保护的构筑物，如人民路高架桥、白天鹅酒店引桥等，这在当时确实起到了缓解交通压力的积极作用，但随着时代的进步、地铁网络的发达和人们对城市历史文化保护鉴赏需求的增加，这些交通设施等构筑物已不合时宜，理应逐步让位于城市文化建设的高位目标。

四 贯彻绿色理念，打造副中心、郊区新城的生态样板

坚持绿色惠民，把生态文明建设放在突出战略位置，将绿色、低碳、生态、循环发展的理念融入城市建设和发展全过程，统筹生产、生活、生态三大布局，加快建设森林城市、绿色城市、生态城市，实现生态城市可持续发展，形成宜居宜业的城市环境。

1. 加快城市绿色生态园林建设

提升临江大道、阅江路轻轨沿线景观和休闲旅游功能，提升琶洲会展中心周边绿化景观，推进电视塔南广场建设，打造代表广州国际城市形象的沿江风光带。以绿道和花景为亮点，完善城市绿化景观，强化赏花景点打造，使花城广州特色更加鲜明。提升市级森林公园建设，加快镇街森林公园建设，强化绿色生态屏障保护，维护城市生态安全。打造北部生态旅游区、中部都市生态休闲区、南部生态滨水区三大森林公园片区。增加湿地公园数量，扩大湿地保

护范围，提升湿地生态效益。在高快速路、铁路和江河两岸一定范围内建设具有区域特色的景观林带，构建贯通城乡、色彩丰富、景观多样的城市森林廊道。实施"一园、一林、一路"绿化工程，推进美丽乡村绿化示范村建设。

2. 推广绿色建筑工程

财政资金项目、旧城改造、城市新区、大型公共建筑全面执行绿色建筑标准。推广太阳能热水系统，支持建筑屋顶安装太阳能光伏板，鼓励太阳能的光热利用。推进高强度、高精度、节能利废的新型墙体材料应用，促进建筑工业化发展和资源循环利用。

3. 推进低碳示范社区创建

以中新广州知识城、广州海珠生态城建设省级绿色生态示范城区为契机，将珠江新城、白云新城、广州东部交通枢纽中心高端商务区、琶洲互联网创新集聚区等打造为紧凑集中、功能多元、生态优先的集约效益型绿色示范新城。

4. 提升污水和垃圾处理水平

提升完善污水收集系统，加速完善已建成设施配套管网，积极推进污水处理设施和配套管网新建、扩建工程。采取截污、清淤、补水、生态修复等措施，推进广佛跨界河涌综合整治。以城市生活垃圾和餐厨废弃物的回收利用体系建设为重点，统筹城乡生活垃圾分类处理。实行终端处理阶梯计量收费及经费包干制度，从源头上推进垃圾减量，对餐厨垃圾、绿化垃圾等有机垃圾进行资源化处理。建成一批大型生活垃圾处理设施，提升生活垃圾全过程资源化利用水平。完成卫生处理中心、无害化处理中心相关处理设施改造，推动后备垃圾处理设施建设。

5. 推进海绵城市建设

加大城市径流雨水源头减排的刚性约束，城镇公共道路雨水的排放和削减应当设置渗排一体化系统，人行道、室外停车场、步行街、自行车道、广场和建设工程的外部庭院应当分别设置渗透性铺装设施。缓减城市内涝压力，采取"渗、滞、蓄、净、用、排"等措施，探索建设深层隧道排水系统。

五 提高综合交通枢纽承载力，打通中心城区与外围郊区的交通瓶颈

提高中心城区与外围城区及周边地区的可达性，增加及改造进出城通道，完善主干路网，改善重大基础设施与周边地区互联互通，形成系统完善、内畅外联、运行高效、服务优质的现代化城市基础设施体系，提高中心城区的辐射集聚能力。

1. 强化重大战略枢纽与中心城区的交通联系

完善连接国际航运中心枢纽港和世界级的航空枢纽的集疏运体系，研究新增连接广州中心城区的高快速通道，加快推进南沙港区疏港铁路建设等。完善机场集疏运通道，建设空港大道、机场与广州北站快速连接通道、花都大道、机场北进场路等项目。实现琶洲互联网创新集聚区、广州国际金融城、珠江新城的互联互通，并改善与周边地区的交通联系，完善琶洲地区对外交通网络，加快推进琶洲候机楼项目，启动国际金融城临江大道建设。

2. 提高道路交通网络的通达性

建设满足郊区新城集聚辐射功能的交通网络，推进区域高快速路网一体化建设，建成覆盖粤港澳大湾区一体化高快速路网络。加强广州与佛山、惠州、东莞、中山、肇庆、清远等周边城市的交通互联互通，推进广清高速、广佛肇高速、虎门大桥、莲花山过江通

道等跨区域高速公路项目建设，接驳贯通原有铁路、城际轨道、高速公路。

3. 高标准推进广州综合交通枢纽规划建设

按照市委市政府工作部署，推进落实《广州综合交通枢纽总体规划（2016—2030 年）》《广州铁路枢纽规划（2016—2030 年）》《广州白云国际机场综合交通枢纽整体交通规划（修编）》等重点规划目标和工作任务，加强部门协作、明确职责分工、强化工作督导，全力打造广州国际性综合交通枢纽。加快南沙港区四期、白云机场三期扩建、广州第二机场等航运、航空项目建设。落实《国家发展改革委、广东省人民政府、广州市人民政府关于共建综合交通枢纽示范工程的合作框架协议》四大任务，会同相关部门形成工作合力，加快推进棠溪站、广州北站、广州集装箱中心站建设，尽快启动广州东部交通中心（新塘站）、增城站等枢纽项目开工，推进广州铁路枢纽建设。

4. 以轨道交通为重点，加强通道规划建设

启动城市轨道交通第四期建设规划、开展广州市城市轨道交通线网修编及新一轮广州市城市总体规划工作。编制《广州市域（郊）铁路发展规划》《广州市与周边城市轨道交通衔接规划》，补齐不同层级轨道交通，强化与周边区域互联互通和快速通达。积极跟进国家和省开展《粤港澳大湾区城际铁路规划》编制工作，争取广河高铁、柳广高铁、贵广高铁广宁联络线、广中珠澳高铁、广永高铁等线路纳入国家层面规划，强化广州铁路枢纽功能定位，启动《广州市轨道交通一体化研究》，整合轨道交通通道资源，探索国铁、城际、地铁、市域（郊）线网衔接融合。加快推动轨道交通、公路等领域通道项目建设，重点推进 5 条国铁、6 条城际、11 条地

铁、10 条高快速路建设，争取实现十四号线一期（嘉禾望岗—街口）、二十一号线（员村—增城广场）、广佛线燕岗至沥滘段等城市轨道交通线路开通运营。

专栏 11　广州打造国际性综合交通枢纽四项重点任务

重点任务一：广州站和棠溪站改造工程

广州站将全新改造为高铁、城际为主的现代化车站，普速功能大部分将迁至棠溪站，实现高铁进入市中心。新建集国铁、城际、地铁及四大配套客运设施等多种交通方式于一体的棠溪综合交通枢纽，其中预留 6 条地铁线路将解决 80%—85% 的旅客出行。广州白云站（棠溪站）可行性研究报告已于今年 8 月获得中铁总公司和广东省政府联合批复，地方配套的棠溪站综合交通枢纽一体化建设工程可行性研究报告已于 8 月获得市发展改革委批复，该片区的征地拆迁及管线迁改工作已启动。按照 2018 年计划安排，力争广州白云站（棠溪站）和一体化建设工程于年底前开工建设。

重点任务二：广州东部交通中心工程（新塘站枢纽）

该项目规划引入广汕客专、京九客专、广深铁路、穗莞深城际、地铁 13 号线和 16 号线等轨道线路和长途客运、常规公交等道路交通，可在半小时内直达广州白云国际机场、1 小时内直达深圳宝安国际机场、40 分钟内直达广州天河区。该项目依托广汕客专，将成为广州市第一个对新建铁路站场上盖进行综合开发的项目。目前，广汕客专先行段已开工，全线初步设计拟于近期批复；新塘站房建筑方案已完成设计竞赛；穗莞深城际上盖的凯达尔广场主体塔楼正在施工，计划年底封顶；地铁 13 号线新塘站已开通运营。

重点任务三：广州港南沙港区多式联运工程

南沙港铁路按计划推进建设，累计完成投资 61 亿元，占总投资的 40%；编制完成南沙港、万顷沙两个物流基地规划；同时为解决沿线市民出行需求，提高项目经济效率，正在开展兼顾客运化可行性研究，并上报省发展改革委、中铁总公司审查。疏港高速公路方面，加快推进广中江高速、虎门二桥等高速公路项目建设，预计 2019 年建成通车，加快推动南中高速等项目前期工作，进一步完善南沙港区对外高速路网。

重点任务四：探索建立综合交通枢纽建设及周边土地综合开发制度体系

进一步深化完善 71 个轨道枢纽场站综合体概念方案及周边综合开发规划方案。市规划委员会主任委员会已审议通过了 60 个（国铁 3 个、城际 24 个）场站综合体概念方案，完成了土规调整工作，落实综合体及周边开发用地建设规模 5153 公顷。开展枢纽项目投融资模式研究，金融城站枢纽采用 PPP 模式投资建设，陈头岗车辆段、琶洲站枢纽探索采用土地 ＋ 配建模式开展前期工作，其中金融城站枢纽已完成社会资本方招标，年内开工建设。

六　正确处理经济与民生的关系，突出以人为本的副中心和外围郊区建设

1. 注重稀缺环境资源的居民共享

过去，在我们城市建设中，囿于当地政府的短期性财政需要，都将空间品质最好或具有稀缺性环境资源的那些地段（如滨江地带、湖边、公园附近、畔山景观区等）高价出售给私人开发商，以

此博取最大卖地收入，加快新城区的开发。事实上，这种做法对城市的长远发展和整体品质的提升是极为不利的。比如，白鹅潭地区珠江北岸的御景壹号、二沙岛高尚住宅区、番禺北部星河湾等，均把滨江景观资源据为小区独有，这些滨江或湖畔高尚住宅无疑会卖个好价钱，但后来的事实证明，对一个地区而言，若使稀缺性环境资源为更广大居民所共同拥有，会带动区域房价整体水平的全面提高和高端投资的大量进入，其带来的利润要比仅仅依靠滨江湖岸部分高端住宅所带来的利润更多。需要强调的是，这种推崇优质稀缺环境资源为社会共享的做法顺应了后来兴起的"新城市主义"运动。

2. 注重交通接驳及站点设置的便利化

借鉴上海虹桥商务区经验，按照综合交通一体化的理念建设广州东、北、南部综合枢纽，提高交通接驳效率，助力区域功能开发；交通站点特别是地铁口的设置必须遵循广大居民换乘便利化原则，而非政府卖地收益最大化原则，同时，要切忌被少数业主、业户因经济补偿问题而阻挠绑架站点设置的现象。

七 推进城市治理上新水平，建设"包容性"的副中心与郊区新城

倡导机会平等增长的包容性发展理念，在新型城市化过程中更多体现包容性，强调多元社群、多元文化的共存、共生、共享、共荣，确保所有人分享城市发展的机会均等，为残障人士、高龄人群、外来人口、国际游客创造更友好的城市，促进社会融合发展。

1. 完善社会救助体系

建立对户籍人口与非户籍人口一视同仁的社会救助体系，完善

对社会各阶层低保低收入群体分类救助、物价补贴、节日慰问等综合生活救助政策。健全面向全社会困难群众的医疗救助、其他人员医疗救助和补充医疗救助的多层次医疗救助体系，加强医疗救助与基本医疗保险、大病保险衔接。对遭遇急难群众开启"绿色救助"通道，加强自然灾害应急救助、救灾物资储备等救灾制度建设，探索社会力量参与防灾、减灾、救灾模式。推行 GPS 智慧信息助老服务项目，建立紧急救援服务网络及社区养老服务资源集中配送网络，为高龄孤寡、伤残、双老户等退休老人提供便民服务。

2. 提升来穗人员服务管理水平

深化广州来穗人员服务管理示范区创建，实施来穗人员融入城市社区计划，推动来穗人员融入企业、子女融入学校、家庭融入社区、群体融入社会，建立包容性城区。落实出租屋分类管理、挂牌公示制度，推动网络系统与流动人员信息系统对接，全面实现出租屋规范管理。落实居住证管理和积分入户制度，有序推进基本公共服务常住人口全覆盖和来穗人员市民化。加强和改进城区民族工作，完善少数民族流动人口服务管理。

3. 完善外国人服务管理工作

构建"移民友好型城市"，建设国际化社区，完善国际交流设施，实施具有国际水准的城市管理，打造外国人综合服务阵地。对于获得永久居留证的外国人，探索给予相应的政治待遇。发挥外交使领馆集聚的优势，提升使领馆周边城市功能配套和公共服务供给水平，以国际"绿区"的标准打造对外政治文化交往的高端涉外承载区。按照国际标准完善城区交通、重要商圈、旅游景点的双语标识、外币兑换点等配套建设，整合辖区内星级酒店、外国人综合服务中心等涉外资源，提升外事外贸服务管理水平。探索在城市管理、社区服务、教育卫生等领域招聘国际雇员，提升公共服务国际化水平。

4. 建设军民融合创新示范区

健全以发放一次性经济补助金为主、就业扶持为辅的安置政策。鼓励退役士兵自主创业，深化退役士兵职业技能教育培训工作。建立优抚对象门诊补助制度，解决好优抚对象医疗难问题。完善待遇标准体系、规范数据管理、创新服务方式，落实好优待抚恤工作，探索解决重点优抚对象生活难、住房难、医疗难"三难"问题。

八 协调城市发展与土地利用关系，着力化解土地供需矛盾

1. 对土地利用进行长远科学规划，确保规划落地

随着城市功能转换和新开发区的加速推进，既要为广州的社会经济建设提供用地服务，同时又要为市民生活提供用地保障，土地资源十分紧缺。因此，需要对土地利用进行长远的科学规划，确保规划落地。同时要处理好城区与郊区、近期与远期、存量与增量、宏观与微观的关系。既注重规划在特定时期内的权威性与稳定性，也要讲究变通，注重规划在有限条件下的弹性与灵活性，还要注重落实，确保规划落地。

目前广州中心城区人口高度密集，土地供需失衡。因此，选定机会区域进行重点开发，吸引人口向外圈层（环城高速以外）疏解，带动郊区城市化，将是未来较长时期内广州的大势所趋。重点开发区将同时成为未来广州市人口的重点导入区域，形成具有相对独立的经济社会功能的人口集聚区。在规划设计方面，郊

区新城或中心镇应该注重布局的合理性，确保高度集约地利用土地，各区人口规模可控制在 20 万—30 万人，占地 700—800 公顷，集居住、学校、体育、工业、商业等活动和设施于一身，成为功能相对独立的卫星城。在土地使用方面，应配合广州市建设"三中心一体系"的目标，引导土地利用向以航运、贸易、金融等为主体的第三产业和战略新兴产业倾斜，提高土地使用效益。

2. 用好增量建设用地，通过转换模式，追求土地资源利用的理性

鉴于广州土地资源的局限性，应借鉴新加坡开展有创意的土地利用方式和美国理性增长理念，合理高效利用土地。在土地利用微观措施上，要考虑四维时空的利用土地模型：即不仅考虑到地面土地如何利用，还要考虑地下空间和地上空间如何利用，同时还要考虑未来此地块将作何用。此外，在尚有大面积未开发利用土地的新城区，如白云、萝岗等区域，政府可以为开发商划定一定区域，并设定相应的期限（比如 5 年），允许开发商决定开发用地的不同用途以及各种用途的房屋面积量，只要总面积不超过整个开发计划的许可面积。这对提高广州各新城区未开发利用土地的使用效益，无疑具有重要价值。

广州地处珠江口，每年有大量泥沙淤积，形成部分陆域。虽然泥沙淤积相对缓慢，但长期来看（到 2040 年），这部分新增加的土地资源仍然十分可观，从用地功能来看，在新增陆域土地中，可利用为公园、鱼塘、在建工地、港口、农田等。要十分珍惜这部分自然增长而成的新增土地，注重发挥其大都市生态湿地及其作为动植物栖息地的功能，以保护为主，在局部地区可以有限度开发，但要避免人为过度干预。

3. 预留一定数量备用土地，为土地用途调整留有充分余地

土地使用一般具有固定的期限，土地的使用者在期限未满而退出土地使用权时，现有土地出让金制度无法使其顺利退出，而采用土地的年税制可以很好地解决这一问题。土地年税制是土地每年的使用费以年租金的形式收取，只要能计算出土地每年使用权的年租金，就可以据此作为进出土地市场的依据，从而提高土地的使用效率。

新加坡规划用地类别有一个"白地"，主要是给未来不可预测的事物留有发展空间。广州也可借鉴此做法，为一些当前难以预见的建设项目预留一定数量的"白色"备用土地，既能够给城市的未来发展预留充足的支撑空间，也能够为日后的土地用途调整留有充分余地。

纽约市的土地供需特点和广州有着很大的相似性，纽约市土地规划利用方面的一些举措，比如提高土地利用强度，土地立体利用（建筑从地面开始的几层架空，用来行车，道路上面的空间则被建筑所利用）等方法，广州都可以借鉴，并结合广州市土地规划利用的实际加以改造后利用。比如，目前正在规划建设的东部交通枢纽、北部航空枢纽等。在广州未来规划其他区域的某些地块的开发建设时，也应遵循这一理念。

4. 最大限度地实现城市的土地功能利用效率

广州正在经历着产业结构的进一步调整，土地资源的配置和城市的产业发展定位相吻合。对于广州而言，新兴服务业正在占据主导地位，与此同时制造业在大城市中逐步退出。在达到这个目标时可以考虑从新批复土地和正在使用土地两个角度来分析。

对于新批复土地而言，可以从最开始的产业源头抓起。即各区

在对新批复的土地使用权进行招投标时，评标专家小组将本区的产业定位作为投标方中标的一个基本因素考虑，给予政策上的支持。正确引导产业发展符合本区县产业定位，符合其经济发展目标。

对于正在使用的土地，建议采取"逼存控增"的原则，所谓"逼存控增"原则，即建立一种外在的逼迫机制，减少不符合本区产业定位的土地使用存量，并控制其增量的增加。该"逼存控增"的原则是通过税收手段进行调节的，各区可以根据自己的具体情况制定操作细则及税收优惠标准。

专栏12　加大对从化市经济社会发展的政策倾斜

作为广州北部副中心，从化承担着全市生态屏障与涵养的重大战略任务，产业发展空间受到较大抑制，经济相对落后，地区财政及投融资实力均较弱，加之"三农"建设的压力也最大，为同步推进三个副中心的城市框架建设进程，建议下一步加大对从化市经济社会发展的政策支持：

对从化采取特殊政策，将从化副中心的市政基础设施建设纳入广州市统一规划建设计划轨道。

建议广州市在土地指标上给予从化新城市建设倾斜支持。从化副中心的核心区从化新城已经启动建设，但现阶段符合土地规划的可利用土地不足800亩，难以保障新城项目建设。建议广州给予从化对新城土地出让方案的审定自主权，土地出让收益全部用于从化新城基础设施建设。

加大对从化产业规划和项目引进的支持力度。作为广州的后花园，从化一直把保持生态作为最重要的政治任务抓紧抓好，北部划定了347平方公里的生态严格控制区和1443平方公里的保护区，把市域规划建设用地面积比重严格控制在10%以内，产业开发强度和准入门槛受到了一定限制。为加快区域间的协调发展，建议广州市结合从化实际编制出台《北部生态经济区产业发展规划》，在安排重点产业项目上给予适当的倾斜支持。

第五章 广州非中心城区功能疏解策略重点之一:打造南沙粤港产业深度合作园,高水平引领带动粤港澳全面合作

2019 年,中共中央、国务院出台《粤港澳大湾区发展规划纲要》,提出"支持粤港澳三地按共建共享原则,在广州南沙规划建设粤港产业深度合作园",赋予了南沙建设粤港澳全面合作示范区的历史使命。精心谋划建设南沙粤港产业深度合作园,对国家、区域乃至广州发展均具有重要战略意义。打造南沙粤港产业深度合作园,要更加主动服务港澳发展需要,以促进粤港澳产业深度合作为主线,推进三地之间"软规则"对接融通,与港澳之间的合作实现由浅到深、由虚到实、由低到高、由点到面的转变,携手港澳将南沙粤港产业深度合作园建设成为面向"两个市场"、配置"两种资源"的开放共享新平台,为香港更好融入国家发展大局、推动粤港澳大湾区对接融会"一带一路"建设发挥积极作用。

一 打造南沙粤港产业深度合作园具有重大战略意义

党的十九大以来,以"一带一路"倡议为龙头,京津冀协同、长

三角一体化、粤港澳大湾区三大区域战略相协同，共同构成"1 + 3"国家发展大格局，标志着中国特色社会主义建设与发展进入了新时代。2019 年 2 月，中共中央、国务院出台《粤港澳大湾区发展规划纲要》，特别提出"支持粤港澳三地按共建共享原则，在广州南沙规划建设粤港产业深度合作园"，赋予南沙建设粤港澳全面合作示范区的历史使命。精心谋划建设南沙粤港产业深度合作园，对国家、区域乃至广州发展均具有重要战略意义。

1. 为港澳人士到内地发展提供新机会、新空间

长期以来，香港、澳门在国家发展进程中始终扮演着独特而重要的角色，既是改革开放的亲历者和见证者，也是改革开放的建设者和受益者。香港、澳门融入国家发展大局是"一国两制"的应有之义，也是香港、澳门探索发展新路向、开拓发展新空间、增添发展新动力的客观要求。中共中央、国务院颁布《粤港澳大湾区发展规划纲要》，将全面开启建设社会主义现代化国家的新征程，为香港、澳门更好地融入国家发展大局创造了新机遇。在此背景下，共建南沙粤港产业深度合作园，能够更好地贯彻实施粤港澳大湾区国家战略，更加主动服务港澳发展需要，围绕率先构建开放型经济新体制深化改革、开放创新，探索发展新路向、寻找发展新动力、开拓发展新空间，也将为港澳经济社会发展以及港澳同胞到内地发展提供更多机会，有利于保持港澳长期繁荣稳定。

2. 推动三地做事"软规则"全方位有效衔接

从国际经验看，世界上成熟的大湾区都是内部高度协调的巨型城市区域，这种区域的高度协调，不仅体现在产业布局协同、基础设施互联、生态环境共治等"硬件"层面上，更体现在其内部制度、规则层面上。由于历史的原因，粤港澳大湾区是在一个国家、

两种制度、三个关税区、三种货币条件下建设的，三地在有关做事规则、标准或政策上尚存在较多差异化障碍与瓶颈，从而阻碍了湾区要素的自由流动和优化配置。比如，三地在交通卡、证照牌、车保险等管理使用规则、标准上缺乏对接，特别是车主和直通港澳运输企业需在三地间重复购买车保，导致跨境人员、货物往来成本依然较高；金融机构准入、离岸法规、涉民保险政策不一，保险领域资质、产品没有互认，理赔机制存在差异，导致跨境金融便利化远未实现；高层次人才证明未能实现互鉴互认，高端人才自由流动和高效配置仍面临诸多制度性障碍；科研项目跨境申请与经费过境使用仍受限制，港澳特区政府及所属大学所设立的科研项目尚未向内地机构或人员开放申请，大湾区科研合作体系尚未建立。在这种背景下，打造南沙粤港产业深度合作园，有利于尝试推动穗港在做事"软规则"方面的对接、融合与破解，先行探索湾区联动发展的新模式新机制，形成区域双向开放、协同发展新格局。

3. 进一步发挥深化改革、扩大开放、促进合作的试验示范作用

当前，广州经济处在一个关键时期，谋划广州经济新的增长点迫在眉睫。南沙叠加了国家新区、自由贸易试验区、"一带一路"国际产能合作示范区、粤港澳全面合作示范区等政策优势和战略机遇，建设南沙粤港产业深度合作园，有利于促进香港高端产业和人才、资本、技术等创新要素大规模集聚，提升参与粤港澳三地要素配置、产业分工和竞争能力；有利于加快以基础设施为主要内容的固定资产投资快速增长，促进特色优势产业与战略性新兴产业的培育和壮大，打造经济增长新动能，还有利于加快各项重大改革措施在合作区先行先试，贯彻落实创新驱动发展战略，连接港澳乃至全世界的创新资源，通过集聚和扩散效应对所在区域发生支配影响，

带动其他周边区域的经济增长，形成新的经济增长极。建设南沙粤港产业深度合作园，不仅是有效应对增长困境的解决之道，也是提升发展质量、抢占经济制高点的必然选择。

二 广州南沙与香港合作基础扎实、成效显著

南沙是广东省实施 CEPA 先行先试综合示范区，具有与港澳合作的悠久历史和良好基础，20 世纪 80 年代就与港澳企业开展了成片开发合作，共建了一批国家级科技研发平台和高端示范项目。现有港澳投资企业超过 2600 家，投资总额超过 700 亿美元，涵盖制造业、航运物流、金融、科技创新等领域。自贸试验区成立以来，南沙紧紧围绕国家对自贸试验区的战略定位和对广东自贸试验区"建设粤港澳深度合作示范区、21 世纪海上丝绸之路重要枢纽和全国新一轮改革开放先行地"的目标定位，充分发挥改革开放试验田作用，通过对照国际高标准贸易和投资规则，努力打造制度创新高地，营造现代化国际化营商环境，为国家进行改革开放风险压力测试提供了有效载体，与港澳合作更加紧密，已具备深化与港澳全面合作的基础条件。

1. 建立与国际通行规则相一致的投资管理服务体系

一是改革市场准入方式，提高市场的开放度和透明度，对内外资项目全面实施负面清单管理制度，实现内外资投资项目、投资企业备案事项统一网上全程办理，形成与国际通行规则相一致的市场准入方式。二是深化商事登记制度改革，按照集约化服务的理念，建立了"一口受理、二十证六章"联办的企业登记设立新模式，率先探索实施将不涉及负面清单、前置许可的一般企业商事登记由核

准制改为确认制，由申请人承诺对材料的真实性、合法性负责，商事登记机关仅对申请材料进行形式审查。三是推行企业开办"登记、刻章、开户"合一办理，实现企业注册1天内完成办理营业执照。四是不断拓展延伸企业登记设立渠道，实现营业执照异地办理，并进一步向世界主要国家延伸，推出"国际营商通"，在企业开办便利度方面可比肩全球效率最高的国家和地区。

2. 建立贸易便利化与监管效能同步提升的口岸通关体系

一是以实现口岸管理"三互"大通关为牵引，在广州率先运行国际贸易"单一窗口"建设，并实现与国家标准版的对接，平台功能和便利化程度全国领先，货物、运输工具和舱单申报使用率均达100%。二是率先建成"线上海关"样板间，实现由"海关端菜"向"企业点菜"转变，打造出线上线下深度融合，可为企业提供全渠道和一体化办理的通关模式，通关效率提高80%以上。三是率先建立涵盖一般贸易、跨境电商、市场采购出口等贸易方式的全链条全球质量溯源体系，实现从单纯的口岸监管转变为事前"源头可溯、风险可控"，事中"守信便利、失信惩戒"，事后"去向可查、责任可究"的全链条闭环监管体系，推动市场采购出口商品查验率大幅降低90%，跨境电商平均通检时间105秒，平行进口汽车通检提速3倍，同时优化了价值贸易生态环境，形成了"好货走南沙"的品牌效应。目前，全球质量溯源体系已在13个APEC成员国贸易体系推广，为在国际贸易规则制定中发出中国声音做出了贡献。

3. 建立金融开放创新和风险有效防控的金融服务体系

一是推动跨境投融资创新，开展了熊猫债、跨境人民币直贷、跨境资产转让和跨境人民币放/贷款、双向人民币资金池等业务。二是成功落地自贸试验区首笔"资本项目收入支付便利化试点"业务，提升了企业资金的使用效率。三是开展 QFLP 和 QFGP 跨境投融资便利化试点，提高了国内外资本支持自贸试验区实体经济发展的吸引力。四是大力发展特色金融，率先在全省开展内资融资租赁试点，建设融资租赁创新服务基地，为企业提供"专家＋管家"融资租赁模式，实现了全国首单境外船舶租赁资产境内美元交易业务，"珠江航运运价指数"已纳入交通部的全国航运指数体系。五是强化金融风险防控，依托广州商品清算中心打造"广东省地方金融风险监测防控平台"，借助区块链等技术实现行业数据统计与风险监测预警。

4. 推进以政府职能转变为核心的"放管服"改革

一是初步构建"五个一"政府管理服务体系，推动发展环境不断优化，最大限度激发市场活力。二是实行"一个窗口管受理"，设立综合窗口，每个窗口均可受理全区 700 多项涉企审批业务，企业只需通过一个窗口、一次提交即可享受全程标准化服务，使政务服务更加阳光透明便捷。三是实行"一颗公章管审批"，成立行政审批局，将首批 143 项审批（备案）事项纳入相对集中行政许可权改革范围，再造企业投资类建设项目审批服务流程，企业从取得用地到获得施工许可的时间压缩为最快 25 个工作日。四是全国首创自下而上的"证照分离"改革示范样本，构建了由总体方案和审批、监管和服务端构成的"1＋3"立体化制度体系，实现"准入"和"准营"同步大提速。五是实行"一支队伍管执法"，将自贸试验区南沙片区范围内商务、知识产权、环境保护等 14 个领域的行政处罚权以及相关的监督检查、行政强制职权从相关职能部门剥离，交由自贸试验区南沙片区综合行政执法机构承担，探索出事中事后市场监管新模式。六是实行"一个平台管信用"，建设市场监管和企业信用信息统一平台,构建起企业监管"全区一张网",实现涉企信用信息的归集共享和对失信企业联合惩戒,形成了以信用为核心的新型综合监管体系。

5. 构建更高层次的对外开放格局

一是推进粤港澳服务贸易自由化,在 CEPA 框架下,不断探索对港澳更深度的开放,开展粤港澳律师事务所合伙联营试点,创新实施港澳人才资格认可制度。二是促进服务要素便捷流动,建立与港澳联动的口岸监管机制,"粤港跨境货栈"实现香港机场与南沙保税港区间一站式空陆联运,"粤澳跨境电商直通车"为澳门企业利用跨境电商开拓内地市场打开新通道,顺利完成粤港澳游艇"自由行"首航。三是加强青年创新创业交流机制,与香港科技大学合作建立霍英东研究院,打通粤港澳科技成果转化双向通道,建成粤港澳青年创新工场和"创汇谷"文创社区等青年创新创业平台。四是成立国家发改委南方国合中心、中国贸促会南沙服务中心等"走出去"综合服务平台,与爱尔兰香农自贸区、迪拜机场自贸区管理局、东盟中小企业经济贸易委员会、西咸新区、贵安新区等国内外机构或地区建立战略合作关系。

6. 打造以国际化法律服务为特色的法治化营商环境

一是建立创新型自贸试验区司法保障体制,成立全国首个自贸试验区法院,重点建设商事审判庭、知识产权审判庭和商事调解中心,集中受理、审理与自贸试验区相关联的投资、贸易、金融、知识产权等案件。二是创新涉港澳案件工作机制,全国首创港澳籍人民陪审员、商事特邀调解等制度,提升港澳人士对内地司法的参与度和认同感。三是建立多元化国际商事纠纷解决机制,组建国际航运、金融、知识产权等专业仲裁机构,设立全国首个自贸试验区劳动人事争议仲裁委（仲裁院），率先在全国推出移动终端商事多元调解服务，南沙国际仲裁中心率先实现企业自主选择港澳和内地三种庭审模式，率先试行商事纠纷"临时仲裁"新模式。四是推动设立粤港澳大湾区仲裁联盟，建设海上丝绸之路法律服务基地，打造"一带一路"法律服务集聚区，为企业提供个性化、定制化的全链条法律服务，服务于企业"走出去"。

三 共建南沙粤港产业深度合作园的战略重点

打造南沙粤港产业深度合作园，要更加主动服务港澳发展需要，以促进粤港澳产业深度合作为主线，推进三地之间"软规则"对接融通，更加积极实践改革开放创新，协同构建跨境跨区域联动发展新机制，促进资源要素的自由流动与优化配置，与港澳之间的新一轮合作实现由浅到深、由虚到实、由低到高、由点到面的转变，携手将南沙粤港产业深度合作园建设成为面向"两个市场"、配置"两种资源"的开放共享新平台，充分发挥合作园在进一步深化改革、扩大开放、促进合作中的试验示范作用，引领带动穗港澳全面合作，为香港更好融入国家发展大局、推动粤港澳大湾区对接融会"一带一路"建设发挥积极作用。主要对策思考包括：

1. 探索合作园开发建设及运营管理合作的新模式

一是建立由国家发改委牵头，国务院有关部门、粤港共同参与的协调机构，负责协调指导合作园建设发展工作，协商解决合作园建设和粤港合作工作中的问题，推进合作园重点任务和相关项目的组织实施。

二是探索以法定机构等方式设立园区管理机构，统筹合作园范围内相关工作和行政事务，负责协调与香港对接，按照《粤港澳大湾区发展规划纲要》所确定的发展目标、功能定位和建设重点推进合作园的开发建设。

三是借鉴香港规划建设有关标准规范，引入香港高水平的规划策划设计单位及专家团队，深度参与合作园各项规划编制、设计研究等，确保项目建设与服务的标准和规范，充分体现香港特点与项目需求。

四是探索粤港两地合作成立平台公司，作为合作园开发建设运营主体，组织实施基础设施开发、招商引资、项目管理、物业管理、咨询服务等工作。

五是探索粤港两地社会力量参与基础设施、公共服务配套设施建设、运营和维护管理的新模式。

2. 精心筛选和导入独具特色优势产业与战略性新兴产业

一是在合作园发展航运金融、科技金融、融资租赁、供应链金融、绿色金融、跨境金融等创新金融，争取粤港飞机资产交易预提所得税改革试点，建设全球飞机租赁资源配置中心，积极探索绿色金融创新，推动以碳排放为首个交易品种的创新型期货交易所尽快落地建设，推动一批粤港合资保险公司落户，在航运保险、信用证服务、税收优惠等方面先行先试，建设国际投融资贸易结算中心，便利香港及境外投资者在内地进行人民币资产配置，打造跨境资产配置平台。

二是推动粤港航运服务资源跨境跨区域整合，重点在航运物流、航运金融、海事服务、邮轮游艇等领域深化合作，建设全球优品分拨中心、出口商品集拼中心、一体化冷链（鲜链）物流中心、湾区航运大数据平台等项目，用好国际船舶登记船籍港政策，发展船舶管理、检验检测、海员培训、海事法律等海事服务，建设进出口商品全球质量溯源中心，拓展全球质量溯源体系推广应用。

三是聚焦机器人前沿技术、共性关键技术，以智能生产、智能物流等领域需求为重点，大力发展工业机器人，围绕家庭服务、医疗康复、公共安全、重大科学研究等领域需求，重点发展智能型公共服务机器人，引进培育机器人应用系统集成商、综合解决方案服务商，利用外包服务、新型租赁等模式，拓展工业机器人和服务机器人的市场空间。

四是携手香港引进具有领先核心技术的智能网联汽车领军企业及项目，共建全球领先互联网智能纯电动汽车研发和制造基地，汇聚整合汽车和相关行业优势资源，构建智能网联汽车发展生态系统，打造具有全球竞争力的智能网联汽车产业集群。

五是携手香港共建数字经济创新发展试验区，优先部署新一代互联网（IPv6），率先实现5G商用，推进信息网络安全产品、前沿技术研究、专业安全运营、安全培训基地等专业示范中心建设，积极发展电子产品关键部件等高端制造业，集聚发展高精度时空信息服务产业。

六是加快建设国际邮轮母港，优化邮轮母港配套集疏运系统，争取粤港游艇执照互认、游艇驾驶员证书互认、游艇属性定义为交通工具等游艇自由行配套政策，集聚发展研发设计、展示交易、物资供应、人才培养等相关产业，延伸邮轮游艇产业链。

3. 引进一批具备全球资源配置能力、领军行业发展的港澳总部企业

一是以吸引港澳研发总部、采购总部、制造总部、营销总部和贸易总部落户为目标，制订港澳总部企业引进计划，根据世界500强企业发展计划和投资情况，每年确定一批拟引进的500强目标企

业,按照"拟引进、已落户、推进中"分类跟进协调、靠前服务,重点引进世界 500 强企业以及具有国际影响力的港澳公司在合作园设立子公司,争取有意进军大陆市场但尚未在内地设立总部或分支机构的港澳公司在合作园设立区域总部。

二是瞄准特色科技、现代服务、旅游健康和数字经济等领域,建立港澳领军总部企业招商信息库,筛选出一批高标准、高水平、近 3 年可实施的招商引资项目,形成统一的对外招商项目目录。

三是围绕智慧经济、数字经济、海洋经济、绿色经济等发展导向,引导合作园内企业拓展研发设计、运营、结算等功能,努力培育成新业态总部、粤港澳大湾区总部或功能性总部。

四是建立具有总部功能的新兴产业企业储备库,鼓励具有品牌和规模优势、成长性好的企业扎根,培育形成一批符合园区产业发展、综合实力强、关联带动力强、发展层次高的新兴产业总部企业。

五是支持投资开发建设符合园区新兴产业布局的主题总部大厦,打造一批高标准、高规格的"新兴产业总部基地"。

六是放大《财富》全球论坛效应,积极参与达沃斯论坛、博鳌亚洲论坛、中国广州国际投资年会等重大活动,开展园区招商企业洽谈活动,推进港澳总部经济合作,打造具有世界影响力的粤港澳总部经济带核心区。

4. 全力建设全球科技创新高地和新兴产业重要策源地

一是加强基础研究和应用基础研究前瞻布局,加快冷泉生态系统观测与模拟大科学装置等设施落地,推进建设一批粤港联合实验室,争取国家在合作园内布局国家实验室和大科学装置,共同参与国家大科学计划和工程,共建极具影响力的科技基础设施集群。

二是强化粤港科技园区及项目合作,承接香港科学园科创成果在合作园转移转化，推动粤港科研机构联合组织实施一批科技创新项目，开展关键核心技术攻关，探索国家级科研院所"一院两地"模式。

三是推动香港科创资源与广州产业优势有机融合，建设大型科学仪器设备共享中心等创新服务平台，将合作园建设成为湾区要素流动畅通、科技设施联通、创新链条融通、人员交流畅通的跨境科创合作平台，深化全方位、全链条创新合作，探索实施"境内关外"的科技创新管理制度和国际科技合作机制，试点一批科技资金、科研设备耗材跨境顺畅流动的政策措施，构建湾区跨境跨区域科技协同创新的新模式。

四是依托华南（广州）技术转移中心、香港科技大学科创成果内地转移转化总部基地等项目建设，加快建立健全"线上＋线下"的跨境技术转让平台和服务体系，打通科技成果转化通道，提高科技成果转化效率，构建跨境科技成果转移转化生态系统。

五是汇聚国内外科技服务机构、科技企业孵化器等服务资源，构建覆盖"技术需求—成果汇聚—技术交易—支撑服务—孵化育成"等关键环节生态链，完善"众创空间—孵化器—加速器—科技园区"全链条科技企业孵化育成体系，共建专业化科技企业孵化器和众创空间集群。

六是借助香港资本市场资源，在天使投资、风险投资、产业投资、企业上市等方面深化合作，鼓励银行业金融机构开展无形资产质押贷款业务，深化知识产权质押、投贷联动等科技金融创新，设立私募基金二级市场平台，共建大湾区资本市场服务基地，吸引拟上市公司、上市公司、中介机构及投资机构集聚，为企业提供"产业加速—创业投资—上市培育"三位一体的"专家＋管家"式全方位服务。

5. 谋划建设一批合作园重点子平台

一是谋划建设粤港海洋科技创新中心，加快与香港科技大学、中科院共建南方海洋科学与工程广东省实验室，争取国家布局更多的大型海洋科学装置，建设国家深海科技创新中心基地、可燃冰勘探及产业化总部基地等重大项目，推动可燃冰、海洋生物资源综合开发技术研发和产业化。

二是谋划建设粤港国际人工智能价值创新园区，建设集应用研发、产业园区、产业基金三位一体的人工智能产业航母，推动人工智能赋能优势产业，重点发展智能制造、智能网联汽车等产业，支持粤港人工智能企业参与南沙交通环保、社会管理、教育医疗、公共安全等领域建设。

三是谋划建设粤港国家级大数据综合治理试验区，依托国家超算中心分中心和物联网公共标识服务管理平台，建立粤港数据传输的安全评估机制，支持企业在试验区开展数据脱敏（去标识化）以及数据出境安全保护技术研究，争取设立大湾区信息流动安全评估中心。

四是谋划建设粤港国际医疗健康城，在放宽国外已上市药品使用、医疗器械进口税收减免、大型医用设备审批、境外医师执业、医疗技术和医疗机构准入等方面大胆探索，依托"中电国家健康医疗大数据中心""广东医谷""生命科学城"等重点项目建设，前瞻布局精准医疗、数字生命、生物基因等前沿交叉领域。

五是谋划建设粤港文化研究院和产业研究院，规划建设保税艺术品展示交易中心、国际艺术品交易中心、数字版权交易中心等平台项目，进一步放宽外资演出经纪、演出和娱乐场所设立等准入限制。

六是推动国家级人力资源服务产业园建设，完善园区配套服务设施建设，加快集聚一批高水平人力资源服务机构及关联企业，拓宽国际人才引进"绿色通道"，大力发展人力资源外包、派遣、培训、招聘、猎头、管理咨询等国际化人力资源服务，构建具有竞争力的线上线下一体化国际化人才服务保障体系。

七是推动港澳青年创业就业试验区建设，依托粤港澳（国际）青年创新工场、"创汇谷"粤港澳青年文创社区等平台，为港澳青年创业就业提供一站式服务，规划建设粤港澳青少年交流总部基地，深入实施港澳青年"百企千人"实习计划，在粤港澳青年人文交流、人才合作、科技创新等方面探索新路径。

6. 推动在标准、规则、政策等方面全方位有效衔接

一是进一步开拓创新、大胆探索，在广东自由贸易试验区和CEPA政策框架的基础上，粤港共同推动合作园的体制机制创新，争取与合作园发展定位相适应的政策措施。

二是实施更大程度的先行先试和更高水平的开放政策，探索实施对香港服务业深度开放措施，在航运航空服务、科技创新、数据服务、创新金融、"一带一路"投融资服务、旅游健康等领域大胆创新、先行先试，共同争取国家支持合作园发展的财税、用地等政策和重大平台性项目支持。

三是实施港澳居民投资准入和管理享受完全国民待遇，对接香港公司注册制度，构建公平、透明、可预期的市场准入环境，试点探索"粤港通办"，探索粤港政务服务设施互联互通，推动两地办理结果互认，为投资者提供便捷入口，实现一站式投资落户离岸办理服务。

四是支持进一步放宽对会计、法律、医护等领域香港从业人员执业限制,取消香港律师在内地执业需通过国内律考等限制,允许取得香港建筑及相关工程等专业资质的机构、人员经备案后在合作区提供相应服务,探索制定香港规划、建筑、设计、测量、工程、园境等顾问公司和工程承建商在南沙注册成立公司或提供服务的准入标准,试行建筑师负责制和 BIM 技术应用相结合的建筑设计管理模式。

五是创造与香港接近的税务环境,深化自主有税申报、复杂涉税事项税收事先裁定、代开发票零跑动等便利化举措,适时实施港澳居民及境外人才个人所得税补差,争取国家支持实施15%企业所得税,实施启运港退税政策以及国际航运保险业务免征增值税政策,探索适应离岸贸易发展的税收政策。

六是借鉴香港在办理手续简便、时间较短、成本较低、供电可靠性和电费透明度指数较高等经验做法,探索临时施工用电共享模式,打造特色电力供电服务。精简水、电、气、网络报装程序,加快推动水电气事项流程再造。

四　打造南沙粤港产业深度合作园的战策安排

1. 全力打造粤港澳全面合作先行区

抢抓粤港澳大湾区建设重大机遇,发挥港澳综合优势,推动三地优势互补,携手参与粤港澳大湾区和"一带一路"建设,突出"政府—企业—市场"作用,着力搭建一批开放性合作平台,发展外向型产业集群,形成各有侧重的双向开放基地,实现综合服务功能共享发展。

　　一是强化与港澳产业合作。在 CEPA 框架下进一步扩大法律、金融、建筑、航运、电信等领域对港澳开放,争取 3 年内引进 70—80 家港澳一流服务型企业和机构。深化与港澳联合科技创新,加快制定实施工作方案和配套政策,依托华南技术转移中心、香港科技大学霍英东研究院等平台,在创业孵化、科技金融、科技成果转移转化等领域深度合作,建设港澳创业就业试验区。加强与港澳在航运物流、专业服务、国际教育、跨境金融等重点领域合作,扩大粤港澳职业资格互认试点,加快引进香港工程建设管理模式,探索与港澳互设金融机构试点等。

　　二是多片区联动推进重点合作平台建设。南沙枢纽片区重点推进粤港产业深度合作园建设,加快与香港特区政府建立合作对接机制,全面铺开起步区建设工作,特定区域内试行"港人、港企、港服务";加快建设南沙枢纽场站综合体,探索建设粤澳合作葡语国家产业园。庆盛枢纽片区全面铺开起步区建设,重点建设新鸿基交通枢纽综合体、丽新集团"一带一路"总商会(大湾区)总部项目、嘉华粤港澳现代服务业总部基地等平台项目,推动香港科技大学分校落地建设。南沙湾片区加快建设国际邮轮母港综合体,改造提升南伟、货运、东发等码头功能,引进建设一批文化演出、体育休闲、保税会展、商业商务项目,打造广州国际海洋文化休闲中心。

　　三是构建与港澳相衔接的公共服务和社会管理环境。在内地管辖权和法律框架下,加强与港澳在教育、医疗、社会服务和社会保障等领域对接合作。制定便利港澳居民发展政策,推动在南沙工作生活并符合条件的港澳居民子女与内地居民享有同等的义务教育和高中阶段教育权利,争取开展港澳居民享受完全国民待遇试点。探索设立港澳台人员社会事务管理服务机构,引入港澳社工参与社区服务。规划建设粤港澳青少年交流总部基地。

四是携手港澳积极参与"一带一路"建设。与港澳合作建设企业"走出去"综合服务基地,发挥国家发改委南方国合中心、中国贸促会南沙服务中心、广州"一带一路"企业投资联合会等平台作用,构建跨境投融资综合服务体系。与"一带一路"沿线国家和地区的重要城市、自贸区(自贸港区)和行商业协会建立紧密合作机制,推动建立海丝沿线交流合作机制,拓展"一带一路"经贸网络。依托中国国际青年交流中心等平台,促进国际青年人文交流。加快建设国际贸易中心大厦,推动各类外事资源和国际组织落户,打造一批国际经贸、科技、文化合作交流新平台,建设我国南方重要对外开放窗口。

2. 推动粤港优势产业链向国际国内更广腹地延伸

创新以人才为核心的招商新模式,突出海洋经济、数字经济和绿色经济发展导向,面向全球集聚资源要素,打造与门户枢纽相匹配的现代产业新高地,塑造更加有利于创新、创业、创造的发展环境,集聚高端人才和高端产业,积极发展新产业、新业态,联手提升综合服务功能和核心竞争优势,增强辐射带动力和国际影响力。

一是重点发展 IAB、NEM 产业。实施人工智能产业发展三年行动计划,加快建设庆盛价值创新园区,发挥广州国际人工智能研究院等四大开放平台作用,到 2020 年集聚人工智能企业超 300 家,产业规模超 300 亿元。支持晶科、奥翼、健齿生物等具有核心技术优势的企业发展壮大,促进第三代半导体、新型显示材料、锂离子动力电池、生物医药等实现产业化集群化发展。培育发展海洋经济,加快推进中科院南海生态环境工程创新研究院、冷泉生态系统大科学装置建设，争取海洋科学省实验室落户，推动国家级可燃冰科研总部基地建设，促进可燃冰产业化发展，打造海洋科技创新和服务保障基地。

二是加快发展先进制造业。落实《广州制造2025战略规划》，促进人工智能、物联网、大数据与制造业深度融合发展，延伸修造船、装备制造等优势产业的产业链、价值链。建设智能网联汽车产业园，推进恒大法拉第未来纯电动汽车、广汽蔚来新能源汽车、广汽丰田第四生产线、广州国际汽车零部件产业基地等重点项目建设。发展智能制造产业，重点建设海尔智能制造中心、中邮科技总部及智能物流设备研发生产基地、精雕数控机床、中科院广东创新园、香港科大国际智能创造平台、智能制造总部园区等项目。发展军民融合产业，重点建设易通星云北斗系统智能装备基地、丰泰军民融合装备研发及生产基地等项目。

三是创建国际化人才特区。深化全国人才管理改革试验区建设，出台国际化人才特区建设方案，构建有利于人才集聚发展的政策体系。成立人才发展公司，建立一批国内外人才工作站，创建人力资源服务产业园，研究制定人力资本入股办法，加快集聚一批战略科学家、科技领军人才和重点产业紧缺高端人才。规划建设国际人才社区和港澳青年人才社区。构建吸引人才和服务产业发展的住房保障和供应体系，每年新开工建设不少于1000套人才公寓，实施共有产权住房试点，探索创新住房供给模式。

四是做好招商引资工作。用好用活"1+1+10"产业政策，继续完善和出台专项政策，做好政策兑现工作。开展城市整体营销，与全球知名财经媒体CNBC合作举办大湾区科技峰会，加强与国际专业招商中介机构合作，拓展全球招商渠道和招商资源。围绕先进制造业、战略性新兴产业、现代服务业、海洋经济实施靶向招商,力争引进 50 个以上世界 500 强、中国 500 强以及行业百强企业投资项目。完善领导挂点联系重点企业制度,提升企业筹建和企业服务水平。

3. 努力破解与港澳制度性障碍

全力担当好粤港澳大湾区建设主阵地中心的重要职责,积极融入粤港澳大湾区国家战略,在南沙粤港产业深度合作园率先探索推动湾区一体化发展的重大改革与规则融合,促进湾区制度要素互通互认和资源要素的自由流动,最大限度地释放湾区合作的空间与潜力。

一是大力推进交通物流便利化。以南沙粤港产业深度合作园为试点,推动三地协商机制,尽快将"岭南通"拓展为"湾区通",着力完善清分网络,构建湾区共享公交"大数据中心"。渐进式推进车牌照证管理一体化和车保市场互通开放;进一步促进粤港澳货物通关便利化,尽快推动设立研发"小物流"绿色通道。

二是稳妥推进金融跨境业务便利化。率先实施保险与支付领域规制对接,在南沙开展大湾区保险创新试点,探索推出可互认的保险产品,择机成立湾区保险仲裁机构。推动跨境人民币业务全面开展,鼓励在穗企业赴港发行人民币债券和投贷基金。拓展基于多币种 IC 卡的移动金融在公共服务、旅游酒店等领域应用,加快三地支付服务一体化,便利港澳居民在境内使用移动支付。

三是继续深化穗港澳科技创新合作。协商建立与湾区其他城市重大科技基础设施和大型科研仪器设备共享使用机制,按规定向港澳有序开放国家在穗建设布局的重大科研设施和大型科研仪器。加快落实推动南沙财政科技经费跨境进入港澳地区合作研发。探索利用在南沙国家级重大创新发展平台，建立多种科创性服务压力测试区。争取在南沙等地设立港澳科研成果转化创新特别合作区，鼓励和吸引港澳大学科研人员及其成果到合作区转化应用，争取港澳创新主体到南沙承担重大科技创新项目，探索引进港澳优质高校来南沙开展合作办学。

四是率先探索构建湾区一体化医疗养老服务体系。主动与港澳医管局协商，渐进实现医护人员资质、执业资格及检验结果的异地互认，争取在南沙设立湾区医疗卫生合作试验区，允许同时使用国内外已通过权威认证的药物和技术。携手港澳共建医疗健康产业思想库、基因库、细胞库、数据库和基因测序技术信息共享云平台，打造湾区精准医疗中心。全面开放养老服务市场，支持港澳投资者在南沙举办各类特色养老机构和大型康养基地，在土地供应、财政资助、审批立项、运营服务等方面给予政策支持，在南沙逐步率先推动穗港、穗澳社保体系的衔接与融通。

五是龙头引领湾区人文交流和智库建设。落实"粤港澳大湾区文化圈"工程，在南沙谋划成立湾区文化研究院和产业研究院。加强粤港澳文化产业合作，推动成立大湾区电影研究中心。打造大湾区发展南沙智库平台，建设国际学术会议之都核心区。开展"粤港澳青年文化之旅"等活动，谋划举办粤港澳大湾区运动会、音乐节。试行高层次人才互认措施和证明标准，争取在南沙建立湾区高层次人才联谊会或人才联盟。设立针对港澳青年创业基金，建立港澳青年从业实习基地，在南沙机关事业单位探索设立和接受一定数量的港澳人士任职。

4. 共同营造更高标准的现代化国际化营商环境

全面落实进一步深化广东自贸试验区改革开放方案和深化广东

自贸试验区制度创新实施意见，认真学习借鉴香港营商环境建设经验，在深化营商环境改革中先行一步，建设粤港营商环境建设合作试验区，率先在投资贸易便利化自由化、市场运行秩序、金融开放创新、政府经济治理水平、法制保障等方面取得突破，最大限度降低制度性交易成本，形成与香港相衔接的国际一流营商环境。

一是促进投资贸易自由化便利化。完善与国际通行规则相衔接的投资管理制度，深入推进"证照分离 2.0""一照一码走天下"、商事登记确认制、"企业合格假定监管示范区"等商事制度改革，最大限度放宽准入、放开准营。提升贸易便利化水平，推动国际贸易"单一窗口"标准版口岸和应用项目全覆盖，率先建成全流程"线上海关"，打造全球报关服务系统，再压缩通关时间 1/3 以上，进一步优化通关环境。建设全球质量溯源中心，积极推动全球质量溯源体系推广应用。实现先入区后报关、货物状态分类监管等创新监管方式。争取试点实施国际邮轮入境外国旅游团 15 天免签政策。

二是深化"放管服"改革。积极争取中央、省、市事权下放，进一步推进法定机构建设。深化相对集中行政许可权改革，加快行政审批标准化建设。进一步压缩工程建设项目审批时限，试行项目用地带规划设计方案出让，实现"交地即开工"，力争审批时限全国最短。健全综合行政执法运行模式，建设市场监管和企业信用信息平台 2.0 版，建立以信用监管为基础的新型市场监管体系。加快建设"数字政府"，完善提升企业专属网页功能，积极推进"即刻办 + 零跑动"，提升全流程网办覆盖面，力争"零跑动"事项达到 60%，不断完善"五个一"全方位政府服务管理体系。

三是健全国际化法律服务体系。充分发挥自贸试验区法院、检察院作用，完善港澳陪审员制度，探索涉外商事案件集中管辖。扩大粤港澳合伙联营律师事务所试点。依托广东省知识产权维权援助南沙分中心，建立多元化知识产权争端解决与维权援助机制，完善知识产权保护和运用体系。推动设立粤港澳大湾区仲裁联盟，开启网络仲裁和智能仲裁新模式。建设海上丝绸之路法律服务基地，打造"一带一路"法律服务集聚区。

5. 深化重点领域和关键环节改革攻坚

坚决破除一切制约发展的思想障碍和制度藩篱，落实加快推进新时代全面深化改革勇当"四个走在全国前列"排头兵三年行动方案，在南沙粤港产业深度合作园策划和推动更多战役战略性、创造型引领型改革，更好发挥改革试点牵引带动作用。

一是深化科技体制机制改革。加快推进科技经费"负面清单"试点，推动以政府直接投入为主转变为配套支持、基金引导、政府跟投等多种方式并重。完善政产学研金协同创新机制，由市场主导技术研发方向、路线选择、创新要素配置。改革科研评价制度，建立以科技创新质量、贡献、绩效为导向的分类评价体系。建设灵活高效的科技成果转化机制，试点高校、科研机构将科技成果转移转化所获收益用于奖励科研人员。

二是深化人才发展体制机制改革。探索在南沙赋予高校、科研院所等创新主体在职称评定方面更多自主权。完善科研人才评价机制，探索科研人才在事业单位和企业间双向流动机制。建立外籍归国高层次人才创办内资企业、职称评审、出入境和居留等绿色通道，鼓励外籍学生在南沙创新创业。优化提升人才绿卡制度，逐步向各区下放人才绿卡行政审批事权，适当放宽优秀人才申请人才绿卡的年龄、学历等限制。

三是探索全面放开户籍制度。借鉴人才绿卡制度，进一步实施居民绿卡制，修订完善加强人口服务管理工作的意见及其配套迁入户政策。实施全民参保计划，完善城镇职工、城乡居民、农转居基本养老保险制度。探索在南沙创新来穗人员服务机制，完善以居住证为载体、以积分制为手段的来穗人员基本公共服务提供机制。

四是深化国资国企改革。加大国企创新考核力度，将研发投入、研发机构建设、承担科技计划项目、科技成果转化及产业化工作，纳入国企负责人经营业绩考核体系。探索发展混合所有制的有效实现形式，在南沙开展国有资本投资公司试点，完善经营业绩考核机制。开展职业经理人试点。建立国有企业领导班子和领导人员综合考核评价有关制度。

五是加强社会民生领域改革。鼓励引导社会力量和资金，加大学前教育投资与供给，优化学前教育布点规划，提供充足多元的学前教育资源。探索在南沙完善与香港科技大学合作办学的体制机制。深化公立医院综合改革，探索政府与社会资本通过品牌特许、业务和技术合作、公建民营、民办公助等合作形式发展社会办医。全面实施按病种分值付费、家庭医生签约、医疗联合体等医保支付方式改革。完善就业困难人员就业援助政策，推动创业担保贷款体制机制建设。深化居家和社区养老服务改革试点，优化提升城乡养老助餐配餐服务网络，深入推进医养结合服务体系建设。开展共有产权房屋建设，加大租赁住房供应，完善租购同权制度。创新城乡社区治理，建立"周五街坊服务日"长效机制。

六是推动文化领域改革。引导社会资本依法有序进入文化领域。探索在南沙创新人员管理模式、社会化运营服务模式。以媒体融合工作室为抓手，让名记者、名编辑、名评论员、名主播到新媒体平台上生产出更多融媒体内容精品。改进新媒体采编考核办法，建立管用有效的考核制度和激励机制。鼓励文艺院团通过名家工作室、项目制等方式进行机制创新，优化文艺院团治理结构，设立艺术委员会和艺术总监，开展艺术职务序列改革，实行市场化、企业化的经营者选用机制。

第六章 广州非中心城区功能疏解策略重点之二:以创新同城化体制机制为重点,高水平谋划建设广佛同城化合作示范区

广佛同城化开展十年来,创新引领,多点突破,取得显著成效。《粤港澳大湾区规划纲要》要求发挥广州—佛山强强联合的引领带动作用,加快广佛同城化建设,赋予其全新战略使命,也开启了广佛同城化发展新篇章。新一轮广佛同城化不再是前一轮的简单复制,面临一系列新的外部环境及变量的影响,在战略推进上要立足于挖掘和对接共同需求,聚焦两地的共同问题,注重更高层次的战略协同,形成深度的互补互融合作,并在区域合作上坚持远交近融。下一步,要重点突破制约广佛同城化深层次发展的制度性障碍,以创新同城化体制机制为重点,探索同城化合作新模式、新领域和新举措,从合作载体、主导产业、基础设施等方面高水平谋划建设广佛同城化合作示范区。

一 新时代关于深化广佛同城化合作的若干战略判断

新一轮广佛同城化合作,旨在推进全方位对接与全方位同城,

谋划更高层次的同城化，争取将广佛地区建设成为粤港澳大湾区发展极点和全国同城化发展示范区。新一轮广佛同城化不是前一轮的简单复制，无论从外部环境还是合作内容看，这一战略实施都面临一系列新的外部变量影响。基于此，我们对广佛同城化战略前景判断如下：

1. 在粤港澳大湾区格局下，广佛同城化战略必要性进一步凸显

广佛地处珠三角核心区，是粤港澳大湾区发展的重要一极，肩负着广东参与粤港澳大湾区建设主力军的重要使命。过去，作为国家重要中心城市，广州一直发挥国际商贸中心和综合交通枢纽的功能，深圳则主要扮演国际创新之都和先进制造业基地的角色。然而，从目前公布的粤港澳大湾区规划看，作为广州的传统优势功能——现代化综合交通体系，规划已处处将广州、深圳相并列，无论是机场建设、港口布局还是对外综合运输通道、湾区快速交通网建设，抑或是邮轮母港规划等，均体现"以广州、深圳为枢纽"，尤其是列入规划的深中通道、深珠通道、深茂铁路等重大通道建设，将促进珠江两岸更紧密联系更平衡发展，也使得深圳的经济腹地进一步向珠江西岸延拓，加之其超强的国际创新功能，令深圳的规划定位已然有超越广州之势。此外，就现实格局看，在珠江两岸三大区域合作板块中，深港板块 GDP 总量已达 4.7 万亿元，在经济实力上远超处于枢纽位置的广佛板块（3.3 万亿元），区域协调发展格局有失衡的趋势。在此背景下，深化广佛同城化合作，做大做强广佛经济共同体，对于广州增强自身实力、充当区域引擎、促进湾区平衡可持续发展均具有重大意义。

2. 广佛同城化合作必须考虑香港龙头城市地位的影响

粤港澳大湾区规划明确提出应发挥港深、广佛、澳珠三个次区

域合作的引领带动作用。然而,这三个次区域战略却不是等量齐观的,事实上,基于"将港澳融入国家发展大局"等政治或战略目标因素的考量,规划明确提出,广州、深圳、香港、澳门四大城市均为中心城市,但龙头城市却是香港,因此,港深合作的地位能级要高于其他两个次区域,广佛同城化合作的战略定位不宜过高,辐射面不宜过宽,其合作方向与重点应有所选择和聚焦。从现实看,金融虽雄踞现代产业体系的高端,广州也拥有多元金融生态体系及强大的 CBD 功能,佛山则规划了千灯湖金融区,但这显然不应成为广佛合作的重点。从区域比较优势及国家政策导向看,广佛经济合作的重点应聚焦于科技创新与先进制造业发展。

3. 广佛同城化经济合作要立足于区域产业协同与融合

粤港澳大湾区的战略意图是,充分发挥综合性门户城市的广州、创新中心的深圳、金融中心的香港三大中心城市的引领作用,把产业、文化、创新、政策、人才等要素融会贯通,实现制度融合和区域协同效应。同理,在广佛同城化合作中,也应谋求在发挥各自优势的基础上形成经济上的协同效应、乘数效应,实现 $1+1 \geq 2$。为此,一方面,广佛的产业协同不能产业相同,也不能停留在简单的产业分工、错位发展的层面上。在当今产业普遍跨界融合背景下,大中小城市更多的是围绕某些战略性主导产业实行价值链分工或同一产业链上的协作。因此,广佛应围绕某些战略性产业形成深度跨区域协作的产业带、产业链,充分发挥佛山制造业产业链齐全的优势,也能有效弥补广州的制造业短板。比如,广佛可以新能源汽车为突破口,充分发挥广州整车设计、制造和佛山零配件生产、后市场服务等的互补优势,完善广佛汽车产业链,建立汽车合作联盟,共筑汽车后市场服务体系,联手发展汽车流通、汽车金融、智能汽车、车联网、汽车文化与会展等新业态，促进广佛汽车产业集群的壮大与升级。另一方面，注重推进广佛两地的协同创新。从现实看，佛山看重的是广州的高校、科研机构等创新资源及科技成果，而广州看重的是佛山发达的制造业优势。佛山企业应积极对接广州的大院大所，参与重大科技专项的共同研发，共促科技成果的应用转化；广州的企业、大学及科研机构也应参与共筑协同创新体系，避免单纯资源输出对本市产业的负面影响。

4. 深化广佛同城化合作的关键是实现两市战略上的协同与对接

过去十年，广佛同城化合作在交通基础设施的互联互通、产业发展的互补协作、生态环境的联防联治、民生服务的共建共享等领域取得了不少进展和成效。未来，随着新一轮广佛同城化合作启动，两市更需进一步加强战略层面的协同，特别是作为"老大哥"的广州应尽量将佛山的发展需求纳入自身的战略体系中，而佛山也应主动对接和配合广州的重大战略实施，这也是"深化合作"的应有之义。例如，当前广州正加快构建"穗深港澳科技创新走廊"，佛山也在谋划打造"一环创新圈"，主动承接广州的创新溢出效应，这便是两市战略协同的良好范例。近年来，为缓解中心城区功能高度集聚的负效应，广州正加速实施非核心功能疏解战略，现阶段主要以专业市场外迁、村镇工业园改造为重点，下阶段有望进一步向教育、医疗、物流等领域延展，而这种功能疏解显然不应限于本市行政区范围，广佛合作也应是未来的重要方向。此外，广州一直在谋求补强总部经济、民营经济发展短板，而据统计，佛山 2018 年民营经济增加值占 GDP 比重达 62.5%，拥有世界 500 强企业 2 家、中国民营企业 500 强 6 家、省百强民营企业达 14 家。大量民企总部尚集聚分布在佛山，既说明了广州的营商环境有待优化与提升，也意味着在同城化合作框架下,广州的总部经济、民营经济仍大有潜力可挖。

二 引领粤港澳大湾区建设,打造广佛同城化合作示范区的对策思路

全面融入国家"一带一路"和粤港澳大湾区等重大战略,重点突破制约广佛同城化深层次发展的制度性障碍,以创新同城化体制机制为动力,探索同城化发展新模式、新举措和新机制,城市辐射带动和综合服务功能进一步增强,在国际城市网络体系中发挥重要的资源配置作用。

1. 构建协同发展的现代产业体系

推进广州国家服务业综合改革试点和佛山全国制造业转型升级综改试点,提升现代服务业发展水平,发展壮大先进制造业,培育战略性新兴产业,形成一批具有国际竞争力的世界级产业集群、世界级企业和知名品牌。

一是推动广佛服务业高端化发展,建设现代服务业中心。携手加快发展金融、物流、信息服务、电子商务、科技服务、会展服务六大生产性服务业。优化提升文化、旅游、餐饮、健康、体育、养老产业六大生活性服务业向高品质转变。吸引更多总部企业在广佛设立企业总部、职能总部、运营中心等机构,加快建设都市圈总部经济中心。大力发展基于互联网的个性化定制、众包设计、云制造等新型制造模式。

二是加强广佛先进制造业配套协作,打造世界级先进制造业基地。强化广佛汽车、电子信息、石化、先进装备制造等支柱产业的

配套协作。依托广佛区域内国家级高新技术基地和园区,重点发展新一代信息技术、人工智能、生物医药和新能源、新材料、数字经济等战略性新兴产业。大力培育机器人、增材制造、个体化诊疗、可穿戴设备等新兴产业。重点发展智能数控系统、工业机器人、3D打印、伺服控制、工作母机等智能制造装备。

三是运用新技术新模式,推动广佛传统优势产业优化提升。支持广佛两市传统专业市场向"专业市场+电商+快递物流"的商业模式升级。提升广佛两市塑料、煤炭、有色金属、木材等大宗商品交易价格指数发布功能和影响力。运用信息技术和先进商业模式转型提升家居家电、食品饮料、纺织服装、陶瓷等广佛传统优势工业。有序推动广佛两地传统工业企业的"进退并转",鼓励从单一工业用途向特色园区和创新型产业功能区转型。

2. 打造参与全球创新竞争与合作平台

强化广佛区域创新协同联动,形成一批具有全球影响力的创新型企业和研发机构,引领珠三角链接全球创新资源,促进区域内外创新主体之间的合作与交流,深度参与广深港澳科技走廊建设。

一是瞄准战略前沿科技和产业创新需求,共建重大创新平台。推动广东省新一代通信和网络创新研究院、广州再生医学与健康省实验室、广州国际人工智能产业研究院、可燃冰勘查开采先导实验区、佛山中科院产业技术研究院、佛山智能装备技术研究院等研发机构建设。争取国家和省重大科技基础设施、大科学装置、产业技术创新中心和重大科技专项布局广佛地区。推进中新广州知识城粤港澳科技创新合作区、南沙庆盛科技创新产业基地、广佛粤港澳大湾区青年创新创业基地等平台建设。

二是深化产学研协同创新,建设一批科技成果转化集聚区。加快建设清华大学珠三角研究院、浙江大学华南技术研究院、中新联合研究院、广工大数控装备协调创新研究院、国家光伏系统研究中心产业化基地等产学研协同创新平台。制定实施两市促进科技成果转移转化行动方案，促进其创新成果在价值创新园区转化。建设华南技术转移中心和港澳技术成果产业化集聚区、高端产业对接核心区，建立健全"首购首用"风险补偿机制。

三是共创国家级孵化器品牌，构建特色众创集群。加强两市在孵化器空间布局、孵化服务、建设运营方面的交流与合作。建设国家和省级双创示范基地，支持达安基因、冠昊生物、酷窝、羊城同创会、佛山火炬创业园、瀚天科技城、广东工业设计城、新媒体产业园等一批龙头企业和示范孵化基地。研究落实旧厂房改造建设科技孵化器享受城市更新改造政策、孵化器载体用房可按幢、层等固定界限进行产权登记并出租或转让的实施意见。

3. 加快基础设施无缝对接

按照统筹规划、合理布局、共建共享、安全可靠的原则，深入推进广佛交通、水利、能源、信息等基础设施对接成网，不断强化基础设施对广佛同城化发展的支撑作用。

一是构建一体化综合交通体系，推动交通基础设施全面衔接。颁布实施《广佛两市轨道交通衔接规划》，加快广佛地铁项目建设，开展规划中两市9条地铁衔接通道的对接。推进广佛环线、广佛江珠城际、肇顺南城际等城际轨道建设。加快推进广佛肇高速二期、佛清从高速南段等高速公路和国省干线公路建设及升级改造。重点加强市政道路衔接，进一步打通交界区域的交通瓶颈，推动公共交通服务同城化。

二是共享航空航海资源，共建错位互补广佛航运体系。加快推进白云机场三期扩建工程建设，构建以白云国际机场为中心，轨道交通和高快速道路有机衔接的立体式综合交通换乘枢纽。以珠三角新干线机场建设为契机，优化整合区域内航空资源，打造粤港澳大湾区西部航空枢纽。强化广州港南沙港区对佛山地区的辐射和服务功能，优化南沙港的通关效率及硬件设施，加密南沙港在佛山地区的"穿梭巴士"航线，强化广佛水、铁、海联运。

三是统筹市政设施规划，交界区域重大基础设施同步建设。深入推动广佛"三网融合"试点建设，探索业务运营相互准入、对等开放、合理竞争。建设广佛智慧城市，实施"宽带中国"战略，显著提升宽带速率，实现广佛地区城乡重要区域和公共场所无线局域网（WLAN）全覆盖。统筹广佛水源一体化布局，衔接区域水资源总量管理和水资源流域调配。依托广州电力交易中心，促进广佛两市电力、油品、天然气、可再生能源的交易。

4. 率先实现更高层次同城化

在广佛同城化的总体框架下，推进荔湾—南海、花都—三水、番禺—顺德等同城化合作示范区建设，发挥基层合作的积极性和能动性，加快区域产业对接，促进产业转型升级，强化区域间交通网络提升改造，实现产业联动发展新格局。

一是发挥地处广佛都市圈核心区优势，打造荔湾—南海同城化合作示范区。推进佛山地铁 5 号线接广州地铁 5 号线、佛山地铁 11 号线接广州地铁 11 号线等地铁对接项目，加快珠江大桥放射线接广佛新干线（广佛出口放射线二期）、大沥北环东路接芳村沿江路、建设大道接大坦沙大桥等项目建设。以白鹅潭商业中心为主中心、大沥商贸中心区和南海中心商务区为副中心，在金融、物流、商贸、汽车及其零部件、机械装备制造等领域推进产业协作。搭建两区人才交流机制，促进人才资源共享，开展公务员交流挂职。

二是提升花都—三水同城化合作水平，打造珠三角北部先进制造业基地。依托广州白云国际机场和白云机场综合保税区，推进两区现代物流、跨境电子商务、融资租赁产业一体化发展。协同推动皮革皮具、服装纺织、电子电器、建筑材料等传统优势产业向价值链高端发展。发挥花都经济技术开发区、中国汽车零部件（三水）产业基地的联动作用，打造珠三角北部重要先进制造业基地。

三是对接广州南站交通枢纽，实现番禺—顺德与广佛都市圈核心区联动发展。加快广州地铁 7 号线西延顺德、佛山地铁 2 号线引入广州南站、广佛环线、佛陈路东延线接番禺新桂路（海华大桥）等重点交通项目建设。重点深化装备制造、汽车及零配件、智能家居、珠宝首饰、电子商务、工业设计、现代物流等领域合作，推动两地产业园区和项目合理布局。深化番顺旅游联盟，融合顺德作为世界美食之都的特色优势，联合打造精品旅游线路。

5. 突破制约同城化更高层次发展障碍

以国家、省赋予两市改革试点任务为突破，深化同城化体制机制创新，按照规范有序、优质高效、公正公平、互利共赢的原则，探索建立以优势互补为基础、以市场机制为纽带、具有更强整合能力的协调体制和机制，为广佛同城化发展提供强大动力和保障。

一是探索完善广佛城市公共事务管理机制和服务管理模式。共同探索数字化城市管理信息系统建设，实现广佛"数字城管"联网互动、资源共享。建立公安信息中心资源共享、信息互信和治安协作长效机制。联合建立高速公路突发事件和重特大交通事故信息通报机制。联合开展流动人口普查，共建共享流动人口信息资源。建立食品药品安全检测协作、联合打假机制和安全预警系统。

二是探索在财税、金融、创新政策等方面实施共建共享。联手编制广佛产业结构调整指导目录。建立区域产业集约用地和节能降耗新机制。统一土地利用政策、税收政策、招商服务标准，共同招商引资。研究建立区域财税、投资管理、技术创新等有利于协调发展的利益协调机制。研究同城化基础设施建设、生态环境治理和社会服务设施建设的资金筹措机制。加大对中小型科技企业支持力度，联合推动重大通用技术和应用技术创新。

三是共同推动环境保护和环境综合整治。建立水环境综合整治、空气污染防治、生态林业建设、湿地保持等区域环境保护一体化政策体系，实现环境管理制度的整体对接。对可能造成跨区域污染的重大建设项目实施环评联审，共同研究跨界流域和区域的限批、禁批办法。探索建立地区间排污权交易制度，开展区域间排污权交易试点。健全环保应急联动机制和突发环境事件快速通报机制。

四是加强两市政策统筹协调力度。发挥广佛同城化领导小组决策和协调作用，完善广佛同城化市长联席会议及工作协调机制，强化联席会议办公室和专责小组职能。加大联合宣传和共同推介力度，形成重大决策事件和重大新闻发布事先沟通协调机制。加强与国家、省的沟通协调，力争成为国家区域一体化发展综合改革试点。

第七章　广州非中心城区功能疏解策略重点之三:以产业共生为切入点,以城市功能互补为载体,深入实施"广清一体化"战略

近年来,广州与清远突出抓好产业共建工作,共同签订了《深化广清一体化高质量发展战略合作框架协议》,推进交通设施、产业、营商环境"三个一体化",谋划共建广清经济特别合作区、粤港澳大湾区旅游生态合作试验区。其中,深入推进广清产业园 A 区扩园,2018 年新动工项目 21 个,累计签约项目 179 个,投(试)产项目 36 个,创新合作共赢模式建设广清产业园 B 区,两德合作区交接有序推进,广清农业众创空间、广百南部物流枢纽项目首期建成,承接珠三角梯度转移项目 60 个。清远高新区、广清产业园、省级职教基地、腾讯华南云计算基地、绿地广清国际中心、广百海元南部物流枢纽、中以科技小镇、海大海贝生物科技等重大园区和项目稳步推进,苏宁华南智慧产业园正式签约,为两市深入实施"广清一体化"战略注入新的动力。

一 区域化的动力：以广清一体化发展战略为核心的腹地拓展

自 2011 年清远市第六次党代会上提出"南融北拓桥头堡，水秀山青后花园"的战略定位以来，近十年的建设已经使清远的城市空间结构形态由单中心扩张向组团式发展转变。2012 年，清远市政府与广州市政府签署合作框架协议，提出了"广清一体化"的战略构想，推动了两个城市交通互通、产业互链、城市互补、服务互享、体制互融方面的建设和发展，这一格局的延续和扩大促成了广佛清大都市区，然后是从目前开始进一步向广佛肇清云韶经济圈方向发展，形成了清远与周边地区的开放式城市空间结构形态。顺应区域一体化发展规律，清远在工业园区化的基础上大力推动与珠三角的产业共建，目前已建成广州（清远）产业转移工业园、广州花都（清新）产业转移工业园、广州白云（英德）产业转移工业园和广东顺德清远（英德）经济合作区四个省级工业园区。围绕广清一体化发展战略，广清两地在推广"广州总部、清远基地""广州总装、清远配套""广州前端、清远后台""广州研发、清远制造""广州孵化、清远产业化"等模式取得重大进展，打造广清产业园清城片区、佛冈片区、广清旅游集聚区和空港经济区四大产业对接平台，四大工业园区增加值占规模以上工业增加值的比重提升到35.2%，加快筑牢经济增长的新基础。

可以判断，未来这种组团式、开放式的城市空间结构优化，在一个较大区域内推动了清远城市能级的快速上升，也将为经济成长和产业结构升级提供了充足的市场动力。进一步而言，区域化还表现为以多中心组团城市化的内部优化与以清远为支点的都市圈化的腹地拓展相结合的城镇化发展。未来 5 年，在清远城市内部空间结构和功能优化的同时，清远与周边地区联系进一步紧密和加强，例如广清一体化、广佛清经济圈，甚至广佛肇清云都市圈，均以清远为支点梯次向外延伸。此外，在全面对接粤港澳大湾区进程中，清远以交通互通为先导，完善推进广清交通一体化，加快融入大湾区 1 小时经济生活圈，加快打造粤东西北"融湾"先行市。"十四五"期间，随着广清永高铁、广清地铁、佛江高速北延线等大湾区综合交通规划项目的顺利开展，高速公路、地铁、轻轨等交通基础设施的互联互通加强与粤港澳大湾区的经济社会和城际联系。这些因素都将有效放大清远对外辐射的能量，为清远未来 5 年经济社会发展在更大范围、更高平台上的成长提供持久的外部动力。

二　区域格局：由城市"单打独斗"为主向区域"融合共进"的大都市圈演化

世界主要大都市在空间结构演变上一般具有共同规律，即通常会经历四个发展阶段：中心城市→大都市区→大都市圈→大都市连绵带。发达国家的主要国际大都市，一般都经历了上述完整的发展阶段，其中，纽约大都市圈被公认为是世界上城市层级体系最完整、产业分工格局最完善、城市功能分异最明显、经济运行最有序的大都市圈。

过去40多年，清远主要致力于广清一体化战略的推动实施，并在这一格局的基础上延续和扩大，促成了广佛肇清云韶经济圈的发展，但按照世界大都市的经验标准，清远及其周边地区目前仍处于大都市区化阶段或都市圈形成的早期。作为珠三角北缘门户城市，尽管清远近些年已经承接了广州对外辐射的部分产业、要素和资源，尽管清远参与了泛珠三角的区域合作框架，甚至与广州联手推进了"广清一体化"，但总体上看，清远"融合周边、一体发展"的模式还远未形成，在整个广佛肇清云韶经济圈，广清之间的合作尚未立足于挖掘和对接共同需求，朝着更高层次的战略协同发展，而基于差异化的区域产业链协作还没有实质性进展。未来5年，随着经济能量的不断累积和城市化的不断深化，"广清一体化"将逐步进入大都市圈并形成深度的互补互融合作，这一阶段清远在空间发展格局上将呈现三大趋势：

1. 积极融入粤港澳大湾区战略，进一步加快"入珠融湾"进程

2019年2月，中共中央、国务院出台《粤港澳大湾区发展规划纲要》，有利于贯彻落实新发展理念和高质量发展要求，加快实现创新驱动发展战略，加快培育发展新动能，同时也有利于探索湾区城市联动发展的新模式、新机制，形成区域双向开放、协同发展新格局，更好地辐射带动更广区域参与国际经济竞争合作。

从国际经验看，世界上成熟的大湾区都是内部高度整合一体化的巨型城市区域，如纽约湾区、旧金山湾区、东京湾区等。这种区域高度整合一体化，不仅体现在其内部各地区间的产业布局协同、基础设施互联、生态环境共治等硬件建设合作层面上，更体现在其内部的制度、规则层面上，这些成熟的大湾区基本上不存在政治制度、法律体系等基本制度差异，其内部各市在做事政策、规则上也高度统一，由此确保了区内资源要素的自由流动。

然而，与其他世界级大湾区相比，粤港澳大湾区却存在很大不同。这一湾区固然在规模体量上已不输于任何一个世界级大湾区，

在区内交通设施互联互通、产业布局互促共融、生态环境共保共治等"硬件"建设合作上也取得较大进展,实现一定程度区域整合。然而,由于历史的原因,粤港澳大湾区在政治、经济制度架构上却比较复杂,不仅从政治上属于"一国两制",经济上是"一区三关",而且在法律上也是"一区三体系"。这种复杂的基本制度架构差异,无疑在很大程度上阻碍了湾区内人才、商品、资金、技术、信息等要素流动。在可预见的未来,三地间基本政治制度及法律架构的差异也将难以消除。

当前及未来相当长时期内,建设粤港澳大湾区将成为中国崛起背景下确定无疑的重大战略。在这种情况下,要成功打造粤港澳大湾区,促进大湾区的融合发展,不仅要大力推进产业、科技创新、基础设施等"硬件通",如港珠澳大桥、河套区深港创科中心建设等,更要在"一国两制"和"一区三关"等基本制度架构不变的前提下,率先推进较低层次的"软规则通",包括办事政策和规则的对接、管理与服务标准的统一以及证照资质的互认等,在这些规制、政策方面,三地尚存在巨大的协调、对接与融合的空间。

在这种背景下,清远要积极融入粤港澳大湾区战略,进一步加快"入珠融湾"进程,积极参与大湾区产业分工,着力加快"入珠融湾"进程,加快打造粤东西北"融湾"先行市,其未来重点已不是产业分工和城市化,而是资源要素的自由流动。也就是说,要素流动重于城市建设,清远要在大湾区要素自由流动方面要发挥承接者作用,通过促进政策、规则、标准层面三位一体的联通,为三地互联互通提供规则保障,为清远的高质量发展提供要素支撑,更为清远的区域化发展提供新路径。

下一步,要用好粤港澳大湾区和深圳先行示范区"双区驱动效应"，深化广佛肇清云韶经济圈合作，积极主动参与大湾区先进制造业、现代服务业和战略新兴产业的区域布局和共建产业园。全面深化广清一体化，大力推进交通、产业、营商环境一体化，促进人才、资金、信息等要素便利流通，加强与广州在城市功能、基础设施等方面的协同，在招商引资、企业税收、基础设施、环保投入等领域实现利益分配机制的突破，努力将广清两市建设成为全省破除区域发展不平衡不协调问题的先行地。完善广清经济特别合作区"一区三园一城"管理模式，积极探索"广州总部＋清远基地""广州创造＋清远制造""广州前端＋清远后台""广州孵化＋清远加速"等合作模式，形成梯级递进的产业布局。

2. 自身空间结构将由单中心模式向多中心模式演化

作为珠三角北缘门户中心城市，只有当其内部空间出现结构性分化，即由单中心向多中心结构演化时，才可能形成高度专业化的优势，也才能具备更高能级的区外辐射效应，由单中心趋向多中心模式，是区域门户城市功能优化升级的必然结果，也是区域门户城市有效发挥辐射带动作用的战略需要。"十二五"以来，以深圳为先驱，广州、佛山、肇庆等省内城市先后开始实施"副中心战略"，推动城市向多中心模式演变。"十一五"以来，清远按照"强中心、网络化"的思路，根据"一个主中心、四个副中心、十四个镇街中心"的空间布局，重点推进市域中心、副中心和县域中心的建设，以分散和疏解中心城区的部分功能、产业和人口。可以预期，未来5年，清远在空间上必然继续向多中心结构演化和发展，形成"一心两核，两主五轴，三区联动，网络发展"的空间格局。

3. 区域模式由中心城市发展向融合周边的大都市圈（带）演化

未来，清远在外部区域整合上必然与周边城市共同走向构造大都市圈(带),以凝聚和释放都市圈效应。在这一过程中,清远的区域发展格局将呈现新的趋势。首先,粤港澳大湾区各市之间的功能分工将更为明显。清远必须致力于在新材料、生物医药、高端装备制造、新一代信息技术、新能源、节能环保和新能源汽车等高端产业领域确立相对优势,以形成自己的核心竞争力和对区域的辐射力,在环大湾区第一圈层努力塑造自己的功能特色和差别化竞争力,这是融入粤港澳大湾区发展战略的第一步。其次,广佛肇清云韶经济圈深度一体化将加速推进。功能分工仅仅为区域一体化提供了可能,要形成都市圈效应,还必须在基础设施、规划、产业、环境保护、公共服务、区域管治等领域推动一体化进程,以及进一步协调广、佛、肇、清、云、韶等城市的功能关系等。其中,特别在产业一体化上,目前清远与广州在主导产业上虽有一定差异,但除汽车外仍缺乏跨区产业链上的紧密协作(如广州总部+清远生产基地),可以预期未来5年,清远与广州在跨区产业链协作上将会出现突破性进展。最后,清远的经济腹地将进一步拓展。近期,粤港澳大湾区上升为国家战略,珠江—西江经济带已正式启动,广佛肇清云大都市圈朝纵深方向发展,粤桂黔三省区启动高铁经济带共建,泛珠三角地区合作不断深化,如果再进一步抓住打造中国—东盟自由贸易区"升级版"和APEC自贸区建设的新机遇,则在可预见的未来,清远在与其他城市合作范围和空间上将得到较大幅度的拓展。

三 以"广清一体化"战略为重点,加快形成区域协调发展新格局

当前,区域合作风起云涌,覆盖清远的区域化战略也密集出

台。未来 5 年，清远应充分利用自身功能、要素和产业优势，积极参与各项区域战略行动计划，推动"广清一体化"朝着纵深方向发展，加快建设"广佛肇清云韶"经济圈，实现经济圈、生活圈和生态圈协同发展；推进广佛肇清云韶经济圈重大基础设施共建共享和互联互通，构建互通广清、连接两广、通达港澳、辐射云贵的综合交通运输大通道，积极承接大都市圈区域生产或服务订单，引领跨区域产业转移，推进先进制造业、战略性新兴产业和现代服务业合作发展，加速构建跨区域产业链，逐渐形成优势互补、协同配套、联动发展的现代产业集聚带。

未来，广清两市要以广清一体化加快融入大湾区，以生态旅游参与大湾区，以职业教育服务大湾区，以绿色生态吸引大湾区，必须持之以恒推动落实。要注重市场主导和政府推动，按照把清远作为"广州北"的区域定位，扎实推进"3＋1"工作，即广清两市交通设施、产业、营商环境一体化，深化全面对口帮扶和扶贫工作，促进两市协同、优势互补、错位发展。要围绕增强对大湾区的服务功能，重点在提升基础设施、优化城市功能、加快省级职教基地建设、推进生态旅游产业发展、乡村振兴、打造绿色生态屏障等方面下功夫，打造环湾区宜居宜业宜游生活圈。要深入研究中心城市引领带动区域经济协同发展的规律，探索打破行政区域界限，促进区域产业协同发展、要素有序流动，不断构建大区域、大流通、大市场的环湾区经济发展新格局。

1. 继续推进交通互联互通

加快推进广清城轨一期工程、清远磁悬浮旅游专线建设，积极做好广清城轨二期、广州地铁北延至清远前期工作，争取广（清）重高铁早日纳入国家铁路网规划，谋划推进"五位一体"等重点交通枢纽建设。扎实推进佛清从、汕湛、广连等高速公路项目建设,加快构建清远环城高速。持续推动北江扩能升级改造工程,加强与广州南沙港合作,共建清远"无水港",打通江海联运通道。加快完善清远至白云机场间交通路网,推进连州、英德、佛冈、阳山等通用机场项目。

2. 大力推进产业协同发展

处理好广清产业协同发展的关系,根据自身产业发展的特色和基础,依托六大共建产业集聚区,主动接受广州产业外溢的辐射带动,努力构建广清产业共生体系。强化"总部＋基地""整装＋配套""研发＋生产"的合作对接,加快在广清产业园 A 区规划建设新一代信息技术、人工智能、生物医药(IAB)产业生产基地,着力把佛冈 B 区发展成为中新广州知识城的产业腹地、清新 C 区建设成为汽配装备制造业聚集地。积极谋划建设清远临空经济区,与广州空港经济区加强规划衔接,重点发展航空维修、航空物流、临空制造、国际商务、旅游居住等临空产业。优化招商引资共享机制,力争广州市越秀区、黄埔区(广州开发区)、白云区、花都区对口帮扶的一批重点项目在南部四个县(市、区)加快落地,带动清远产业集聚发展。强化绿色金融产业对接,加快与花都共建绿色金融生态圈,推动绿色融资项目落地和交易市场建设。

3. 积极推进城市功能互补

深入研究"广州大都市区协同发展"理念,从入珠融湾的层面研究城市空间结构优化,加强与广州在城市功能、发展特色、环境、设施等方面的衔接。主动承接广州非国家中心城市功能疏解,谋划共建广清区域协调发展示范区、清远临空经济示范区,大力推进广清空港现代物流产业新城建设,积极承接更多的商贸、物流、专业市场优质企业进驻。加快省级职教基地建设,力争今年五所院校同时建成、开学。鼓励广州知名学校、医院到清远开设分校、分院,不断提升合作水平和层次。引导广州市科研机构、金融机构、生产性服务机构等到清远建立分支机构,助力清远加快提升公共服务水平。进一步拓展两地政务跨城通办,营造有利于广清人才、资金、信息等要素流通的良好环境。

4. 全力推进体制机制互融

围绕广清两地政策一体化目标,推动两地企业享受大致相当的政策服务。进一步加大简政放权力度,依法取消和调整一批市级行政职权事项,根据县(市、区)承接能力有序下放事权。着力建设"数字政府",打造整体联动、部门协调、一网通办的"互联网+政务服务"体系。进一步降低企业投资转入门槛,实行企业投资项目承诺制。加快健全完善网上中介服务超市,分级分批出台"减证便民"事项清单。深化商事制度改革,推进"证照分离""照后减证",推行全程电子化商事登记。借鉴浙江"最多跑一次"改革经验,深入推进"放管服"改革,出台优化营商环境行动实施方案。

5. 重点推进公共服务共享

借助广清教育对口帮扶项目组织实施,促进教育资源共建共享。促进医疗资源共建、医疗服务共享、医疗信息互通、疾病联防联控,争取广州大型综合医院和特色专科医院到清远开设分院。建立两市社会保险对接机制,完善基本医疗保险互认和服务协管、医疗费用直接结算等制度。加强劳务对接,促进人才区域内无障碍流动。推进两市社会治安综合治理信息平台融合,建立防灾减灾和应急管理联动机制,共建广清一体化重大决策社会稳定风险评估机制。加快实现广清公交、医院、社保"一卡通"，实现两地民生社会保障同步、通用。优化跨市公交，逐步取消电视、电话、金融服务、交通违章等跨市办理限制，共享高端人才、科技金融、图书资源、科研设施、企业服务平台，全面推动两市优势互补、资源共享。

6. 实施重大平台提升计划

全力实施"广清一体化"发展战略，加快广清经济特别合作区建设，统筹广清产业园、广佛产业园、广德产业园和广清空港现代物流产业新城协同发展，推动省级职教基地、腾讯华南云计算基地、绿地广清国际中心、广百海元南部物流枢纽、中以科技小镇、海大海贝生物科技等重点项目发展，推动广州的产业园区、专业市场、物流园区等重大项目向清远延伸布局、升级发展。争取将广州开发区、国家自贸区广州南沙新区片区的部分政策延伸到合作区。加快编制《广清一体化产业专项规划》，探索建立广清利益分享机制，促进"广州总部＋清远基地""广州研发＋清远制造""广州孵化＋清远产业化"等合作模式落地发展。

第八章 广州非中心城区功能疏解策略重点之四:促进粤港澳大湾区资源要素的自由流动和集聚

2017 年 3 月,国务院提出研究编制粤港澳大湾区发展规划,其后,党的十九大报告明确将"粤港澳大湾区"列为"香港、澳门融入国家发展大局"的重点。2017 年 12 月,中央经济工作会议在部署 2018 年工作时,再次提出"科学规划粤港澳大湾区建设"。2018 年 3 月,习近平总书记在参加十三届全国人大一次会议广东代表团审议时指出,要抓住建设粤港澳大湾区重大机遇,携手港澳加快推进相关工作,打造国际一流湾区和世界级城市群。2019 年 2 月,中共中央、国务院出台《粤港澳大湾区发展规划纲要》,全面开启了建设社会主义现代化国家的新征程,为香港、澳门更好地融入国家发展大局创造了新机遇。这一系列中央决策部署行动和习总书记指示精神表明,"粤港澳大湾区"已上升为国家战略,受到世界瞩目,一个世界级大湾区正在我国南海边强势崛起,成为国家重点部署的三大战略增长极之一。

当前及未来相当长时期内,建设粤港澳大湾区将成为中国崛起背景下确定无疑的重大战略。在这种情况下，要成功打造粤港澳大湾区，促进大湾区的融合发展，不仅要大力推进产业、科技创新、基础设施等"硬件通"，如港珠澳大桥、河套区深港创科中心建设等，更要在"一国两制"和"一区三关"等基本制度架构不变的前提下，率先推进较低层次的"软规则通"，包括办事政策和规则的对接、管理与服务标准的统一以及证照资质的互认等，在这些规制、政策方面，三地尚存在巨大的协调、对接与融合的空间。主要的对策思考包括：

一 深入实施创新驱动战略，强化国际科技创新枢纽功能

推进"广州—深圳—香港—澳门"科技创新走廊广州段建设，集聚国际科技创新资源，提升区域协同创新能力，携手港澳共建国际科技创新中心。

1. 创建综合性国家科学中心，推动大科学装置建设与应用

一是争取国家在广州布局大科学装置和重大创新平台，推动打造大科学设施相对集中、科研环境自由开放、运行机制灵活有效的综合性国家科学中心。

二是聚焦生物医药与健康、海洋科技等领域，协同港澳共建面向行业关键共性技术、促进成果转化的研发和转化平台，实施一批能填补国内空白、解决制约发展瓶颈问题的重大战略项目和基础工程。

三是携手港澳积极参与国家的大科学计划研究，加快国家超级计算广州中心推广应用，集中规划布局建设人类细胞谱系研究大科学设施、海洋综合科考船、海底科学观测网南海子网、天然气水合

物勘查开采先导试验区、冷泉生态系统观测与模拟装置、减震控制与结构安全设施等一批重大科技基础设施。

四是依托粤港澳大湾区（粤穗）开放基金，吸引港澳及境外优秀科学家和团队依托重大科技基础设施、大科学计划开展基础性、前沿性研究，在基础研究和应用基础研究方面取得突破。

2. 联合港澳参与国际大科学计划和大科学工程

一是共建粤港澳大湾区大数据中心，支持一批海外高水平科研机构在穗建设高端国际科技研发创新平台。支持穗港澳企业、科研机构、高校等在创新型国家与"一带一路"沿线国家和地区建立一批海外研发中心、科技产业园区、联合实验室、国际技术转移中心、创新孵化基地等平台。

二是发挥广州科技创新资源丰富、产业体系健全优势，承担"创新大脑"和"枢纽服务"的重要角色，增强创新的带动、集聚和辐射功能，与大湾区其他城市及腹地城市协同发展，为全国实施创新驱动发展战略提供支撑。

3. 协同推进广深港澳科技创新走廊建设

一是把握科技创新的区域集聚规律，因地制宜推动创新载体高质量发展，打造国际领先的创新型产业发展集聚区。进一步提升广州大学城国际创新城、中新广州知识城、广州科学城、琶洲互联网创新集聚区等核心平台作用。依托南沙庆盛科技创新产业基地建设粤港澳合作创新发展示范引领区。推动广州南站商务区、天河中央商务区、黄埔临港经济区、广州民营科技园、从化明珠工业园、广州增城科教城、花都智能网联与新能源汽车产业示范区等创新节点发展。

二是推动大湾区协同创新机制，优化创新研发跨区域合作、科技创新自由开放共享、资金人才跨区域流动等，推进创新要素自由流动,促进广深港澳科技创新走廊联动发展。

三是联合港澳打造人工智能、未来网络、干细胞与再生医学、先进核燃料和材料分析、清洁能源材料研究与测试、先进材料高通量合成与表征、海洋生态环境动态监测与生物资源开发利用平台等一批前沿科学交叉研究平台。

四是推动再生医学与健康省实验室和香港中文大学联合建立粤港澳骨肌肉与关节研究中心。与香港科技大学、澳门大学分别共建南方海洋科学与工程省实验室(香港分中心)、国家物联网标识平台澳门子节点。筹建中国科学院空天信息研究院粤港澳大湾区研究院暨太赫兹国家科学中心(暂命名)。

五是加大与港澳合作力度,推动清华珠三角研究院粤港澳创新中心、广东省新一代通信与网络创新研究院、化学地球动力学联合实验室、国家人体组织器官及移植大数据中心、国际中医药转化研究中心、种业科技创新中心等一批前沿和交叉创新平台建设。

4. 完善科技成果转化支撑服务体系

一是协同港澳合作构建多元化、国际化、跨区域的科技创新投融资体系。培育和发展科技信贷专营、科技保险等金融机构,发挥广东股权交易中心的作用,构建新型科技金融服务体系。加快发展科技信贷市场,引导金融机构创新科技型融资产品,推广产业链融资、股权质押融资等新型融资产品,探索开展高新技术企业信用贷款融资试点。支持广州科技企业赴港上市,推动建立支持科技企业重组并购机制。支持科技企业发行中小企业集合票据、中小企业私募债以及在银行间债券市场发行短期融资券、中期票据等债务融资工具。组建完成广州市科技成果产业化引导基金,带动更多社会资本投入科技成果产业化及科技企业孵化领域。推动在香港交易所上市的全球科技企业落地广州。

二是推动组建穗港澳产学研协同创新联盟，开展穗港澳产学研协同创新研究，探索三地产学研创新合作模式与经验。支持穗港澳高校、科研院所或科研机构，互设分支机构及共建新型研发机构。完善产学研合作机制、产学研深度融合创新体系，推进成立名校—名企联合实验室，搭建科学家、工程师、企业家对接平台和科技信息共享平台。

三是争取国家和省支持在穗开展科研成果转化创新特别合作区试点，率先实行科研人员、资金、设备、材料便捷流动的政策措施，促进港澳及境外科技成果在穗转移转化，打造国际化成果转化基地。联合港澳培育一批技术转移服务示范机构，培养一批专业化、职业化的技术经纪人队伍。加快华南（广州）技术转移中心建设，构建"线上＋线下"相结合的科技成果转移转化服务综合体。建立科技成果转化信息库，加强科技成果转移转化信息共享，推动科技成果与企业技术需求有效对接。联合港澳共建国际级科技成果孵化基地和粤港澳青年创业就业基地等成果转化平台，建设国家双创示范基地、众创空间等。完善覆盖科技创新企业全生命周期的"众创空间—孵化器—加速器—科技园区"孵化育成体系，推动孵化育成载体质量提升。

5. 促进知识产权运用提质增效

一是加强与大湾区内主要城市的合作，构建若干产业知识产权联盟，打造专利池。出台强化重点领域知识产权执法的政策措施，探索建立粤港澳大湾区知识产权案件跨境协作和快速处理机制，强化对跨区域侵犯知识产权失信行为的联合惩戒。

二是全面加强与粤港澳大湾区城市在知识产权运用、专业人才培养等领域的合作，支持企业走出去开展知识产权预警、海外维权援助等活动。

三是支持中新广州知识城开展知识产权运用和保护综合改革试验，打造全国性知识产权交易中心。建立完善知识产权质押融资风险分担及补偿机制，鼓励知识产权服务机构、金融机构、保险机构与知识产权创新主体联合开展知识产权金融模式创新。

四是建设高校（粤港澳大湾区）知识产权运营中心，推动高端创新资源向广州地区集聚。加强知识产权信息开放利用，加快建设一批重点产业专利数据库，鼓励和支持知识产权服务机构提供深度加工的专利信息和增值服务。

二　以交通、信息、能源、水利基础设施建设为重点，加强基础设施互联互通

加快推进国铁、城际、地铁、高快速路网建设，完善"四面八方、四通八达"的战略通道，推进基础设施"硬联通"和机制"软联通"，构建大湾区高速互达"1 小时生活圈"，全面增强广州国际综合交通枢纽功能。

1. 共建大湾区出海大通道

一是依托广州港加快国际航运枢纽建设，提升港口综合运输服务能力。着力推进南沙港区专业化码头和深水泊位建设，加快南沙港区四期工程等项目建设，推动黄埔老港转型升级。探索与珠海港合作开发珠江口海岛港口资源。提升港口群出海航道、锚地适应能力，完成广州港深水航道拓宽工程，启动广州港环大虎岛公用航道工程等项目建设。加快琶洲港澳客运码头建设。

二是以广州港为龙头，按"政府主导、市场化推进"原则，加快推进珠江口内及珠江西岸港口资源整合，与香港形成优势互补、互惠共赢的港口、航运、物流和配套服务体系。

三是加强港航合作平台建设，探索推动建立粤港澳大湾区航运联盟。完善多式联运体系，建设江海联运、铁水联运、公水联运工程，打造南沙港区驳运中心，加快建设珠江、西江内河集装箱和以北部湾等为重点的沿海集装箱驳船运输网络，形成江海联运核心枢纽。扩大港口辐射经济腹地，依托粤桂、粤湘赣、粤黔滇川渝铁水联运通道，以云南、湖南、贵州、江西为重点，完善内陆港功能。

四是完善与国际市场接轨的物流园区和保税物流网络体系，推进南沙港区三期后方物流园、南沙跨境电子商务产业园区和粤港澳大湾区国际分拨中心等临港物流产业园区建设。

2. 着力提升国际航空枢纽竞争力

一是加快推进白云国际机场三期第四、第五跑道和第三航站楼建设，推进机场—北站空铁一体化枢纽建设，提升机场基础设施综合服务功能。实施《广州白云国际机场综合交通枢纽整体交通规划（修编）》，打造一体化、高效换乘的白云机场综合交通集疏运体系。

二是积极拓展广州白云机场航线网络覆盖，搭建以广州为起点的"空中丝路"，打造通达欧美、澳洲、非洲及南美等地区的国际运输通道，促进国际航空运输高质量发展。

三是贯彻落实珠三角民航机场布局优化调整整体部署，积极推动空军岑村机场功能调整工作，进一步优化拓展机场空域资源。积极参与珠三角枢纽（广州新）机场规划建设，加强与香港、澳门机场合作，共同打造国际航空枢纽。支持广州空港经济区融资租赁类公司经营性租赁业务境内收取外币租金及外币维修储备金等相关费用政策试点。

3. 构建多层次立体轨道交通系统

一是配合省编制《粤港澳大湾区城际铁路建设规划》,完善广州枢纽"四面八方、四通八达"的对外战略通道格局。推进广湛铁路、深茂铁路深江段、广汕铁路、南沙港铁路、东北货车外绕线等项目建设,深化研究广河高铁、广中珠澳高铁、广清永高铁、贵广高铁联络线等项目,强化广州枢纽在国家铁路网的功能定位和大湾区服务辐射能力。加快构建广州与周边城市一小时交通圈,推进广清城际、中南虎城际、广佛江珠城际、佛莞城际、穗莞深城际、琶洲支线、广佛环佛山西至广州南站、广佛东环等项目规划建设,支持广州地铁集团积极参与省城际铁路运营管理。加密城市轨道交通网络,加快8号线北延段、11号线、18号线等13条段线路建设,继续谋划新一轮城市轨道交通规划编制,推动广州地铁线网向佛山、中山、东莞等周边城市地铁线网延伸。

二是推进实施《广州综合交通枢纽总体规划》,强化广州国际综合交通枢纽功能。加快白云(棠溪)站、新塘站、南沙站、增城站等枢纽项目建设,开展机场T3站规划研究,完善广州铁路枢纽布局。推进高铁进中心城区,深化研究广深港高铁广州南至广州站联络线,开展广州站和广州东站改扩建规划研究工作。推进一批轨道交通场站综合体建设,提升轨道交通枢纽服务品质。拓宽建设资金渠道来源。开展轨道交通一体化规划研究,促进国铁、城际、市域(郊)、地铁等轨道交通无缝衔接。加强铁路货运枢纽建设,加快建设广州铁路集装箱中心站、增城西物流基地等项目;强化铁水联运工作,加快建设南沙港铁路等项目建设,规划铁路专用线进厂、进港口、进园区。

三是加快推进广中江高速、花莞高速、广佛肇高速广州段、南中特大桥工程（原南中高速）等跨境高快速路项目建设；抓紧推进东西向跨珠江口通道建设，包括深中通道、南沙大桥（原虎门二桥）等项目建设，推进莲花山过江通道等跨珠江口过江通道前期研究。强化广佛同城路网建设，进一步加密与清远、东莞、中山等周边城市交界地区交通通道，助推粤港澳大湾区互通互联、联动发展。

四是协同开展与周边城市临近路段交通拥堵综合整治，合理引导过境交通需求。鼓励开展铁水等联程运输服务。积极推动建设白云国际机场异地城市候机楼，实现异地值机、行李联程托运。推进大湾区城际客运公交化运营，与跨市公交线路协同整合，积极引导鼓励50公里以下短途客运班线进行公交化改造，打造覆盖湾区城际及市内接驳公交线路网络，完善羊城通与珠三角地区和港澳城市支付功能的互联互通。

4. 加快推进新一代信息基础设施建设

一是共建大湾区智慧城市群，全面实施"智慧广州"战略，推进粤港澳大湾区互联网宽带扩容，推进重点功能片区公共场所信息基础设施建设。规划建设5G通信基站和站址，加快布局建设下一代移动通信网络。加快推动IPTV集成播控平台与IPTV传输系统对接。

二是加快建设宽带网络骨干节点和数据中心，支持推进互联网协议第6版（IPv6）改造。大力实施网络提速、自然村光纤入村全覆盖、城中村新一轮光纤改造建设及移动通信基站建设全覆盖工程。开放社会杆塔和通信杆塔资源，积极推广建设城市智慧灯杆。

三是配合珠三角国家大数据综合实验区建设,形成开放数据资源、计算能力和智慧城市时空信息云平台。借助广州超算中心计算和存储资源,整合感知、视频、互联网信息的业务系统改造。支持推动在粤港澳大湾区内取消或降低通信漫游和长途资费。

四是推动粤港澳大湾区通信一体化结算、电子签名互认证书应用、电子支付系统互通。积极参与建立粤港澳大湾区网络安全防御体系。依托广州中科院计算机网络信息中心物联网标识管理平台,联合澳门大学智慧城市物联网国家重点实验室,搭建粤港澳智慧城市一体化服务平台。

5. 推进能源基础设施互联互通

一是积极支持广州电力交易中心、广东电力交易中心业务发展,推动大湾区电网、油气管道等能源基础设施互联互通、安全稳定。重点推进 500 千伏永宁换流站及配套线路、500 千伏楚庭至凤城线路等电力工程项目建设,加快推进 500 千伏番南、南洲等输变电工程完善广州南部网架。

二是协调推进深圳大鹏、珠海金湾等 LNG 接收站公平开放,建设西气东输三线闽粤支干线广州增城段建设。加强西气东输二线广深港支干线、珠三角成品油管网等区域油气管道保护工作,全面推进实施管道完整性管理,构建风险分级管控和隐患排查治理双重机制。

三是强化清洁低碳安全高效能源体系建设。继续实施能源消费总量控制、煤炭消费减量替代管理,按时关停服役期满煤电机组,大力推进广州电网工程、天然气利用工程、广州 LNG 应急调峰气源站储气库及配套 LNG 码头等重点项目建设。加强区域合作,共建大湾区燃气供应保障体系。

四是大力发展新能源和可再生能源，进一步扩大太阳能分布式光伏发电应用规模，打造广州开发区新能源综合利用示范区，推进中新广州知识城国家级增量配电业务改革试点。建设广州市能源管理与辅助决策平台、南沙高可靠性智能低碳微电网国家级"互联网＋"智慧能源示范试点项目。

6. 完善水资源保障体系

一是积极配合省推进珠三角水资源配置工程，加快广州北江引水工程建设进度，优化广州市西江、北江、东江和本地水资源"三江四片"供水保障格局。加快推进牛路水库、沙迳水库及南沙、番禺应急备用水源工程建设，提升应急水源保障水平。

二是全力提升优良水体水质等级和达标稳定性。开展饮用水水源地环境风险排查，清理饮用水水源保护区内违法建设项目和排污口，提高饮用水水源环境安全保障水平。加强穗港澳水科技、水资源合作交流。

三是加强珠江干支流河道堤岸养护，全面保障珠江岸线防洪安全。推进中小河流治理及围堤、水库安全达标建设，实施天马河、跃进河围堤整治和万顷沙围加固、南大水库扩建等工程。

四是推动海绵城市建设，涵养水资源，改善水生态。建设大型挡潮闸，提高抵御超标准风暴潮水的能力。加强区域防洪减灾信息联动，建设"智慧防洪"、联防联控和应急调度系统。

三　充分发挥港澳在对外开放中的功能和作用，加快形成全面开放新格局

开展营商环境综合改革试点，全面对接国际高标准市场规则体

系,打造与国际接轨的贸易投资规则体系,深入推进穗港澳服务贸易自由化,提升市场一体化水平,形成全面开放新格局。

1. 打造具有全球竞争力的营商环境

一是深化多证合一、证照分离改革,分类分批改革涉企行政审批事项,推动"照后减证"。推行开办企业"一网通办、并行办理"服务模式,推进"人工智能 + 机器人"全程电子化商事登记全覆盖,打通开办企业全流程信息共享链条。加快推进外资商事服务"穗港通""穗澳通",实现港澳企业商事登记"足不出境,离岸办理"。探索进一步放开港澳个体工商户经营范围限制。建设企业合格假定监管示范区,选取特定行业试行"无条件准入、登记式备案、免审批准营、信用制监管"的合格假定监管模式。

二是建设政务服务云平台、数据资源整合和大数据平台、一体化网上政务服务平台。优化政府信息共享使用管理机制,推动粤港澳大湾区政务服务互联互通,政务信息资源共享共用。推进审批服务便民化,推行网上"一表申请、统一受理、并联审批、统一出证",线下"一窗综合受理、集成服务",全面推进政务服务"一网通办"和企业群众办事"只进一扇门""最多跑一次",建设人民满意的服务型政府。

三是依法平等保护各种所有制经济产权,依法保护民营企业、中小企业的合法权益,营造公平竞争环境。建立健全快捷公正的多元商事争议解决机制。提高商事诉讼的审判效率,推行案件简繁分流制度。健全商事合同纠纷非诉解决、速调速裁机制,探索国际商事网上调解方式,引导商事主体选择网络仲裁,快速解决商事争议,建设商事法律服务最便捷城市。积极发挥广州互联网法院的作用。建立与境外仲裁机构的合作机制,推动国际仲裁机构在南沙自贸区开展法律服务，加快中国南沙国际仲裁中心建设。建立常态化、制度化的法律事务合作协调机制。争取国家支持，推动与港澳建立大湾区法律问题协调与合作小组。加强对港澳商业行会规则的研究和学习，实现行业内三地企业的连接与交流。

四是出台《广州市公共信用信息管理规定》，扩大公共信用信息归集范围，提升数据归集质量，推动信用信息在各领域深化共享应用。出台《广州市建立完善守信联合激励和失信联合惩戒机制实施方案》，实现信用联合奖惩"一张单"。将信用信息查询和联合奖惩措施应用嵌入行政审批、事中事后监管、公共资源交易、招投标等业务流程，实现信用信息应用和联合奖惩实施自动化和智能化。提升市场监管水平，依托"双随机、一公开"综合监管平台，实现联合抽查常态化，推动抽查检查结果跨部门互认和应用，

五是支持黄埔区、广州开发区创建国家级营商环境改革创新实验区，推动南沙规划建设粤港营商环境特区。推动自贸区与粤港澳大湾区建设联动发展，争取国家、省支持，推动自贸区政策在中新广州知识城、广州科学城、广州临空经济示范区、琶洲数字经济创新试验区等率先复制、探索先试。

2. 推进市场互联互通

一是压减企业投资项目核准和备案办理时限。争取将承诺备案制的实施权限下放到区。全面实行准入前国民待遇加负面清单管理制度。推行外资商务备案与工商登记"一套表格、一口办理"，实现"无纸化、零见面、零收费"。推动扩大教育、文化、医疗、法律、航运等专业服务市场准入，争取国家允许港澳在广州设立独资国际学校，争取国家在广州试点放宽外资参股医疗机构的股比限制。

二是争取国家支持优化广州企业申办港澳商务备案政策,扩大申领港澳商务签注人员范围,最大限度延长签注有效期。在南沙开通口岸签证业务,建设海上智能服务中心,方便外国人往返南沙及港澳地区。优化车辆往来便利。做好持优粤卡、广州绿卡人才办理车管业务工作,建立绿色服务通道。

三是推进国际贸易"单一窗口"建设。拓展规费支付、外汇结算、融资等业务。扩大"单一窗口"推广应用,探索推进"单一窗口"平台与"一带一路"沿线国家和地区口岸的互联互通。优化提升"口岸通关时效评估系统",探索建立通关时效公开和监督机制,进一步压缩整体通关时间。争取实施启运港退税政策,规范进出口环节经营性服务收费,全面降低口岸制度性成本。深化"三互"大通关改革,强化通关协作机制,实现口岸管理相关部门信息互换、监管互认、执法互助。科学整合查验监管设施设备资源,推动实现进出口货物"查检合一"。

3. 打造"一带一路"建设重要节点

一是发挥港澳优势,携手参与国际物流、国际航线、国际金融等方面建设,深化与"一带一路"沿线国家和地区基础设施互联互通。完善广州(大田)铁路集装箱中心建设,有序推进中欧班列等跨国物流发展。增加广州至"一带一路"沿线国家和地区航线和航班,搭建以广州为起点的"空中丝路"。拓展内陆"无水港"功能,推动广州港拓展全球海运网络和缔结友好港口。积极参与香港"一带一路"高峰论坛和澳门国际贸易投资展览会。

二是推进中国—欧盟区域政策合作、中国—以色列高技术产业合作,积极参与沙特吉赞经济城等海外园区建设。建设"广州市海外交流协会"等公共外交服务平台,发挥侨务优势,引导港澳同胞和海外侨胞到广州投资兴业。建设与世界主要经济体交流长效合作机制，联合开展投资环境推介，办好广州国际投资年会。支持穗港澳与欧美等发达国家在穗建立研发联盟、联合研发中心和科技成果应用中心。高水平建设中新广州知识城等国际合作园区。

三是推进穗港澳专业展会合作，办好澳门·广州缤纷产品展。鼓励穗港澳跨境电商项目合作，推进广州跨境电商综合试验区建设，优化跨境电商服务机制。探索建立广州空港跨境电子商务国际枢纽港。加强与港澳驻海外机构合作交流，联合开展行业对接、企业洽谈活动，抱团开展招商引资。推进穗澳投资贸易领域合作，加强与葡语国家经贸交流。组织企业参加香港服务贸易洽谈会、香港国际影视展等展会，帮助企业拓展服务贸易和服务外包国际市场。

四 切实担负广州国家中心城市和省会城市职责，强化与湾区其他城市交流合作

1. 积极参与中央、省推进粤港澳大湾区建设协商机制

建立广州与港澳两地粤港澳大湾区工作委员会、委员会办公室、专项小组多层次的沟通合作平台。结合穗港澳三方合作重点，鼓励相关专业界别、行（商）业协会建立更加紧密的合作机制，进一步推动三方业界务实合作。充分利用香港"超级联系人"、澳门作为中国与葡语国家商贸合作服务平台作用，探索建立穗港、穗澳股份合作、税收分成等多种合作招商新模式，共同拓展国际市场。

2. 充分发挥广州横跨珠江东西两岸区位优势

促进珠江两岸城市融合发展。强化与东莞、中山两市地铁、城际轨道、高快速路的对接联通，加快广州港与东莞港、中山港的整

合优化提升。推动南沙新区与东莞滨海湾新区、中山翠亨新区的联动发展，共同打造珠江两岸大湾区重大平台集群。加强对狮子洋、伶仃洋等海域环境的共保共治，联合保护东江北干流及洪奇沥水道等交界水环境，共建珠江口优质生态圈。

3. 辐射带动泛珠三角区域加快发展

全面贯彻落实《国务院关于深化泛珠三角区域合作指导意见》，充分利用泛珠三角区域省会城市市长联席会议、粤桂黔高铁经济带合作联席会议、珠江—西江经济带城市共同体及市长联席会议等合作机制，发挥广州叠加区位优势，引领泛珠区域与粤港澳大湾区的交流对接和协同发展。鼓励引导广州民间资本到桂黔等地区投资发展，加强泛珠旅游品牌宣传，联合开展旅游资源开发。

4. 健全城乡融合发展体制机制和政策体系

推动新型城镇化高质量发展，推进建制镇扩容提质和特色小镇创建，将中新广州知识城周边五镇建设为城乡融合发展示范区并形成示范效应。大力实施乡村振兴战略，巩固扶贫成果，推动公共资源向农村延伸，补齐农村基础设施短板，推动从化区建设成为全省和全国乡村振兴示范区，将从化区、增城区打造成为粤港澳大湾区后花园。加快推进城市更新立法，实施城中村改造、旧厂房更新改造、老旧小区微改造行动计划，推广永庆坊改造经验，推进恩宁路历史文化街区等重点项目改造，复兴传统中轴线风貌，提升老旧城区品质。支持以区内平衡方式调整，推进低效用地升级改造和再开发。

第九章　广州非中心城区功能疏解策略 重点之五：优化拓展空间载体， 助力提升城市品质

　　盘活利用闲置低效物业和土地，是有效解决建设用地紧张和土地物业利用效益低下并存矛盾的现实需要，是在多维空间中建载体，在存量资源中找增量，在功能置换中腾空间，进一步拓展广州发展空间的内在要求。广州闲置和低效使用物业土地的形成有较长时间的历史和比较复杂的原因，在盘活利用这部分资源的过程中，既要立足当前，加大盘活已有闲置低效物业土地的突出问题，又要着眼长远，进一步完善体制机制、加强制度规范和建立长效机制，避免将来产生更多的闲置低效物业土地。下一步，广州要以提高低效物业和土地使用效益为核心，分类推进闲置低效物业土地的盘活利用，推动城市更新与创新驱动发展、产业转型升级、城市环境改善、服务功能提升、历史文化保护有机结合，为广州增强经济发展后劲、加快新旧动能转换、实现老城市新活力提供可靠保障。

一　广州闲置低效物业和土地存在原因、制约因素及突破点分析

1. 管理归属不同条线,产权关系错综复杂,制约整体盘活利用

按照现有公有物业的管理模式,所有权者在盘活利用闲置物业过程中更多的是考虑物业出租带来的短期收益,没能从市级层面考虑,缺乏让公有物业服务广州重大发展战略的大局观。公有物业所有权隶属各部门和各区,在管理上存在不同程度的差异,不仅存在资源重复配置的浪费,而且因为产权人不同导致沟通成本增加,影响物业整体利用。同时,各产权人因受自身职责权限限制,对遇到需要跨部门协同解决的难题时,问题也未能得到及时解决。由各区代管的市属非住宅直管房也存在上述问题,部分房屋处在内街、巷、里等偏僻位置,此类房屋不经过统筹安排、系统维修和改造,较难出租。对于因上述原因导致公房闲置的突破点是将公有物业归属到一个部门进行统一协调管理,使各类资源在协调一致的基础上达成共识,形成合力,确保高效推进闲置公有物业的盘活利用工作。

2. 涉及省、市、区、部队多级行政事业单位,“条块分割、各自为政”现象明显

由于广州中心城区一直就是省市两级党政群机关和司法机关的所在地,在半个多世纪的发展过程中,省市两级的行政事业单位以及部分国有企业的物业几乎覆盖整个中心城区,并包括南部战区、广州警备区等核心军事机关。随着城市的发展,中心城区公有物业涉及省、市、区、部队四级行政事业单位,“条块分割、各自为政”的现象十分突出,管理分散严重。从摸查情况来看,省、市行政机

关、企事业单位和部队物业闲置套数和面积均居中心城区闲置公有物业首位。如何争取省、部队公有物业下放或争取省、部队公有物业为广州所用，成为有效利用辖区公有物业，进一步拓展广州空间载体的重要环节。这一方面广州有过成功案例，如广州民间金融街一期建设急缺物业资源，经争取后得到市的大力支持，将金融街市属的 31 间商铺腾空交由越秀区统一管理，极大加快了项目的建设速度，短短半年广州民间金融街一期创建成功。故要将创新省属公房的下放模式作为今后很长一段时间的主要突破点，通过探索省属房屋管理权限下放、实行所有权和经营管理权分离、优惠价格购买省属产权等模式，实现公有物业的扁平化管理，实现省、市共赢。

3. 受项目资金制约或置换条件约束，导致物业与土地再度闲置

将闲置和低效物业用于财政投资项目整体开发再利用过程中，受项目筹备资金不足的制约，导致项目不能按进度完成搬迁、拆迁补偿、土地征用等前期工作。受项目资金制约，导致广州至今未能引入在国内具有成功开发经验的香港瑞安集团等开发商对项目进行整体策划开发，如北京路文化核心区内的大小马站书院街、药洲遗址、南方剧院、庐江书院等项目的整体开发盘活。此外，在闲置和低效使用的物业再利用过程中，公租房置换再利用存在多方面的协商问题，难以找到匹配的物业，再利用水平不高。且公有物业在出租审批管理过程，多受到既得利益者影响。例如，在利用公租房置换解决社区服务场地试点工作中，一些可以置换的房屋必须同时取得相邻的物业才能够用，但因产权人太多，以及房屋场地、面积、地段、租金价值等差异的原因，难以达成一致意见。受项目资金制约或置换条件约束导致闲置物业用于项目整体开发再度闲置的突破点，一是通过创新项目融资模式来持续支持广州重点工程建设，二

是组建全市统一的"4+1"(具体内容见对策建议部分)资源整合模式,将全市各类资源整合,统一策划,整体打包,充分实现4+1>5的联动效应。

4. 拆迁安置补偿问题涉及多方利益博弈,盘活利用过程困难重重

广州专业市场多为自发形成,缺乏整体规划布局和政策引导,造成消防、交通、治安、出租屋管理、环境污染等一系列问题,给广州城市环境和社会管理造成巨大压力。为解决专业市场发展的诸多问题,减少市场数量、将存量市场外迁似乎是一条必选之路,但关闭一个市场所涉及人力、物力、时间及行政成本极其巨大,盘活过程也面临着经营者、商家和居民多方利益博弈,容易引发社会不稳定因素,而"腾笼换鸟"能否达到预期效果也存在较大不确定性。与之类似的是,超期未动工土地拆迁安置补偿中也面临同样困难:由于拆迁双方就拆迁补偿问题无法达成一致,部分拆迁户对拆迁补偿的期望值过高,加上市内安置点多位于近郊,交通、医疗、教育等配备设施相对滞后,大多数居民不愿外迁。随着拆迁补偿周期拖长,房地产市场价格不断攀升,地块拆迁补偿成本上升,拆迁补偿协商陷入僵局。部分地块由于闲置时间较长,涉及的拆迁户数、人口多,拖欠临迁安置费的时间长、数额大,对广州盘活工作造成极大压力。对于涉及多方利益博弈而造成物业及土地闲置低效,突破点是搭建沟通协商平台,缓冲矛盾,减少摩擦,促成多方协商一致,以加快物业及土地盘活利用。

5. 市、区控制性详细规划不断调整,造成土地开发进程受阻

依据国土资源部《闲置土地处置办法》(国土资源部令第53号)和《广州市闲置土地处理办法》(市政府令第23号)文件规定,因城市规划调整而造成逾期未动工的,区一级的国规部门需加

强对建设用地的监管，积极与市国规委沟通协调，争取解决存在问题，尽早开发建设。以越秀区为例，该区超期未动工地块成交于20世纪90年代，多年来由于涉及历史建筑、文物保护、增加交通设施和市政公用设施、公共绿地及减少居住人口等原因导致规划调整，许多土地规划条件相应发生改变，导致企业被动更改或暂缓开发计划，个别项目停滞在审批阶段，再加上企业自身经营条件恶化等因素，造成部分地块逾期未动工，如海珠南路、解放中路师好巷、北京南路、中山四路以北等多处地块，均为规划调控原因而造成逾期未动工。此外，中山三路以北、越秀区长堤大马路以北等地块因在开发过程中涉及文物勘探和发掘及历史建筑的认定和保护等问题，造成无法按原规划开发建设。对于因规划调整而造成的逾期未动工地块，突破点是采取分类方式进行处置：对于符合收地条件的地块，由政府统一收回后再进行统筹安排；对于不符合收地条件的地块，需要协调相关职能部门尽快完善规划设计条件，为地块盘活开发创造条件。

二　进一步盘活利用广州闲置低效物业土地的对策建议

闲置和低效使用物业土地的形成有较长时间的历史和比较复杂的原因，在盘活利用这部分资源的过程中，既要立足当前，加大盘活已有的闲置低效公有物业、社会物业和土地，又要着眼长远，进一步完善体制机制、加强制度规范和建立长效机制，避免将来产生更多的闲置低效物业和空间载体。下一步，广州要以提高低效物业和土地使用效益为核心，以国家法律法规及上位政策为准绳，以转变发展方式、激发内在活力为改革目标，以培育新产业、拓展新模式和发展新业态为重点,以推进国资国企运营模式、融资模式、资产证券化运用等创新为着力点,分类推进闲置低效物业和土地盘活利用,重点服务于广州战略性新兴产业和现代服务业发展,推动城市更新与创新驱动发展、产业转型升级、城市环境改善、服务功能提升、历史文化保护有机结合,活化利用广府文化和岭南文化核心元素,通过盘活闲置低效物业和土地资源、提高效益、服务社区、为民着想的新举措,为广州增强经济发展后劲、加快新旧动能转换、实现老城市新活力提供可靠保障。

1. 组建"4+1"资源整合模式

一是组建"一张图"管理平台。树立"精明增长""紧凑城市"理念,全面推进"多规合一",在"三规合一"成果基础上,加强对城市空间立体性、风貌整体性、文脉延续性等方面的规划和管控,将现有的总体战略规划类、片区详细规划类、历史保护旧城改造类、城市景观设计类、景观整治道路改造类、公服设施社区规划类、地下空间和交通等专项规划衔接统一,实现全市各类空间规划底图叠合、数据融合、政策整合的"一张图"管理,及时启动至2030年的产业空间布局、城市总体规划和土地利用规划,兼顾好规划的刚性和弹性,把远期、中期、近期有机结合起来,补齐缺失部分重要地区的片区规划。

二是组建信息联动平台。建立统一坐标体系,将重大项目推进情况、三旧改造地块情况、商业楼宇空置情况、专业市场关停并转情况、物业租赁契约情况、公共服务设施情况、资金政策支持、孵化器公共服务平台情况等信息要素叠加,强化对项目、地块、专业市场、楼宇和公有物业租赁信息的动态管理,通过云平台和大数据库,建立云通道,使数据信息实现互联互通。此外,将信息联动平台充分为招商选资所用，秉承"为商所想、为商所用、为商服务"的宗旨，致力于打造连接各类投资者与招商载体之间的桥梁，旨在为国内外的投资者和各类园区载体提供平台建设、基地推介、招商引资、项目服务、信息交流、设施共享、资金支持等相关综合服务，展示宏观经济运行态势和相关政策，传递开发、投资等时事热点，为来穗入驻的企业提供全系列招商服务。

三是组建重点项目建设管理平台。明确重点项目的设立标准，建立完善重点项目储备库，统筹编排全区重点项目年度计划。加强重点项目动态跟踪，强化项目月度进展情况跟踪分析制度，负责重点项目建设的信息汇总、上报和情况分析，及时发布国家有关产业政策和投资导向。健全政府和社会资本合作（PPP）机制，制定PPP项目管理办法、操作细则和项目监管体系。引导重大产业项目向"一张图"规划的产业带投产。完善重大产业项目融资制度，大力培育后备上市资源，努力争取有条件的重大建设项目业主单位发行企业债券，利用资本市场直接融资。引导撬动社会资金投向重大项目，运用 BOT、TOT 模式加快城市重大基础设施项目建设。按照"统一收件，同步受理，并联审批，同步出件"的改革思路，实现建设项目在发改、环保、建设、房管、规划等多个部门间的"一表式"受理，"一站式"审批，实现控制线可实时监测、审批记录可追溯、审批时限可监督。

四是组建物业经营管理平台。进一步扩充广州公有物业租赁服务平台的服务范畴，组建物业经营管理平台，在对市属公有物业进行统一管理和监督的基础上，继续提升运营管理水平，积极开展规划方案招商、运营管理招商，使公有物业租赁实现统一租赁，引导广州主导产业和战略性新兴产业的发展，引导主题楼宇、特色街区针对入驻商户的业态、类型、作用，在准入退出、租金水平等方面进行差别化、精细化管理，保持业态配比科学和经济效益持续提升。建立科学、完善的监督考核机制，对承租单位是否对区税收贡献额度大以及住房产权单位、承租单位的满意度作为考评的重要依据，并将考核结果与政府购买服务费用拨付相挂钩。此外，物业经营管理平台还要引导闲置低效写字楼、商铺、商业综合体、专业市场等社会物业，配合主导产业招商需要。

五是建立跨部门协调服务机制。成立广州市有效利用闲置低效物业和土地工作领导小组，建立跨部门协调服务机制。工作领导小组会议由组长或副组长主持召开，用于协调解决有效利用闲置低效物业和土地的重点难点问题，由市政府办、市发改委、市商务局、市财政局、市住房和城乡建设局、市规划和自然资源局和市政务服务数据管理局等部门共同执行，并建立长效机制，确保闲置低效物业和土地实现四个服务（服务于广州市打造战略性平台建设，服务于广州市经济转型与发展主导产业和创新经济，服务于广州市"创新驱动"战略，服务于广州市民生事业与岭南文化建设），确保项目开发建设同城市整体规划布局之间高度契合，体现集聚区（功能区、园区）产业内涵和功能错位，实现产业、功能、形态的有机结合，切实协调解决闲置低效物业和土地中的综合性问题。

2. 推动投融资平台改革创新和转型发展

一是重组广州市政府投融资平台。为全面整合与盘活公有资源，要重新组建全市统一资本运作投融资公司，打破原有部门界限，将现有的政府投融资平台进行整合重组，组建广州市投融资集团公司（暂定），直属市人民政府管理。投融资公司下设基础设施、市政公用事业、城市综合开发、文化旅游、金融、资产运营等业务板块，赋予投融资公司投融资、建设和运营职能开展实体经营，凡属政府主导的收益性项目和准公益性项目，原则上都要通过合规方式交由投融资公司牵头实施，实现"资源—资产—资本"的盈利模式。

二是通过投融资公司整合现有资产。通过市国资内部资产划拨、兼并重组等各种形式将全市存量土地房产等国有资产纳入投融资公司进行整体的统筹整合。对市属国有"僵尸企业"通过破产清算、剥离重组、委托管理、债务重组等措施实现市场出清，淘汰落后和过剩产能，优化国有经济结构，将清理企业的优质国有资产纳入投融资公司。将全市行政事业单位以及市属国有企业的办公大楼、停车场等房地产交由投融资公司管理，再将办公大楼、停车场等房地产出租给各行政事业单位，并由投融资公司负责提供物业管理服务，将原办公大楼、停车场等房地产由成本模式计量转为投资性房地产按公允价值计量，做大做强投融资公司表内资产规模和现金流水平，为投融资公司的融资和上市等发展战略做准备和铺垫。

三是扩充投融资公司优质资产。通过竞拍、收购等市场化方式吸收储备当前价格低、未来升值空间大的土地和房产等优质资产。通过与各区沟通协商，将各区优质的但管理水平不高甚至管理混乱的集体企业资产以市场价格通过实物资产入股的方式交由投融资公司进行专业化统筹运营管理，各区集体持有投融资公司股份享有每年公司分红，实现集体资本与国有资本互利双赢。结合广州市招商引资战略，投融资公司通过现金出资、实物资产出资、股权交换等方式参股经营符合广州市招商引资战略的重点企业或项目，做大做强培育广州市招商引入的优秀企业，实现国有资本保值增值。选取区域内外成长性高的准备通过新三板、创业板等上市的准上市企业，投融资公司可采用土地房产等实物出资或现金出资方式入股重点投入，实现所持有的股权价值的保值增值，提升国有资本证券化水平和流动性水平。

四是发挥投融资公司降低企业融资成本作用。通过投融资公司搭建广州市中小微企业信用信息和融资对接平台，与金融机构合作成立企业融资政策性担保和再担保机构，共同建立面向科技企业孵化器的风险补偿金，支持企业增加技术改造、研发创新投入。设立面向中小微企业的产业引导基金，带动和引导社会资本进行股权投资，对中小微企业参股但不控股，为中小微企业提供低成本优质股权资金，并要求产业引导基金投资所形成股权在约定的投资期限内适时退出。积极与银行等金融机构展开合作，创新中小微企业信贷风险补偿机制，开展中小微企业转贷方式创新、中小微企业抵质押物拓展等各项金融试点，通过创新贷款还款方式，减轻小微企业还款压力，降低资金周转成本。

五是通过投融资公司推动政府融资模式创新。政府投融资公司实行公司化运作，广泛吸收社会资本参股，积极发展混合所有制经济。投融资公司及其参控股企业通过发行企业债、项目收益债、公司债、非公开定向工具、中期票据等金融工具筹措资金。积极开展资产证券化融资，支持基础设施和公用服务项目建设。依托政府可支配财力，授权投融资公司设立市级新兴产业投资基金、城市基础设施产业投资基金和服务业投资基金，吸引战略投资者和撬动民间资本，参与城市建设和产业发展。推进政府和社会资本合作，在地下综合管廊、城市供水、供气、污水和垃圾处理、交通、医疗和养老服务设施等领域，授权政府投融资公司为实施主体，大力推广PPP模式。

六是完善投融资公司法人治理结构。建立健全董事会和监事会制度，建立以董事会为核心的法人治理结构，合理界定董事会和经营层职责。公司经营层面向全国公开招聘，实行任期制和契约化管理。高管人员实行年薪制。建立与企业效益和责任目标挂钩的职工收入分配制度。妥善解决现有在编人员身份问题，实行"老人老办法，新人新办法"，或在自愿基础上回流原主管部门。坚持党管干部原则，高管人员按干部管理程序考核任命。政府投融资公司要依法管理出资企业股权，履行股东职责，确保国有资产保值增值。

3. 统筹推进公有物业活化利用

一是策划打造创新创业空间载体。加大公有物业优化利用，引入社会资本改造提升，打造一批低成本、便利化、全要素、开放式的孵化器、众创空间与创意产业园，实现广州高端高新业态集聚发展，具体模式为：将公有物业租赁给孵化器、众创空间的专业运营机构，采取"政府＋企业＋社区"模式，在不改变原有闲置低效公有物业的建筑物规模和基本功能的基础上，通过综合环境整治、物业外立面改造、内部空间优化、配套设施的完善提升，在创业载体内打造创业服务平台，为创业人员提供创业培训、创业指导、项目推介、融资支持、网络信息等创业配套服务，引入战略性新兴产业的先进企业入驻，实现政府、社区和企业多方共赢。

二是发挥闲置低效公有物业社会效益。将广州市闲置低效公用物业纳入统筹安排，以解决规范化学校、社区卫生服务中心、社区养老院、街镇日间托老中心、社区文化活动室、公共租赁住房、社区服务用房等公共硬件不足困难，改善城市配套设施和居住环境，提升城市功能和城市品位，改变目前城市功能和配套设施滞后的现状,提高广州对高层优秀次人才的吸引力。在街道所属辖区范围内的闲置公用物业,优先考虑作为街道办事处和社区办公活动场地,发挥街道办事处、社区基层管理服务职能。通过社会融资、赞助等方式筹集资金,购买社区服务场地相临近的物业,满足服务场地达标要求的同时,解决产权复杂、租金补偿等难题。对于直管房已腾退居住环境差的空置房源,通过整合、改造,增加独立厨厕等配套生活设施,改善现有闲置直管公房的居住条件,用于解决住房困难家庭和"夹心层"家庭的住房问题。

4. 积极推动专业市场转型升级

一是强化规划调整,促进转型升级。结合城市更新改造政策,优先将符合城市更新改造要求的批发市场纳入改造项目范畴,解决专业市场的商业、居住功能高度混杂问题。对于部分硬件设施落后又符合改造升级条件的市场,需要理顺各方利益关系,提出符合场主、铺主利益底线的改造方案,推动园区整体规划的改造提升。加快专业市场及配套物流站场规划编制,优化物流站场布局,在集聚区建设物流配套设施,推动商流、物流有序分离。推广应用物流信息技术,推进专业市场物流仓储服务外包发展,以电子商务应用助推物流配套的"互联网+"转型升级。加快统筹在城市外围地区选取合适的地块建立物流中心,解决专业市场周边交通拥堵问题。通过创新市场管理体制,加强规范整治,严厉打击非法经营和违规经营,实现营商大环境的转变,倒逼低端中小型商户自行退出市场经营,形成规范化、现代化、法制化的市场发展新模式。

二是提升专业市场发展潜力。实行商户优选机制,充分发挥行业协会作用,推导各市场积极引入大型批发商、行业龙头、品牌企业进驻市场。加大对专业市场中原创品牌、著名品牌的培育、扶持力度，通过前店后厂及企业窗口、办事处、形象店、总经销、总代理、区域代表处等形式，引进生产厂家和一级批发商资源，打造源头和上游市场，争取定价权和话语权。通过举办招商推介会、采购商交流会、行业年会峰会等活动，引发国内外知名投资商对商品专业市场开展"互联网＋"转型升级的关注，扩大商品专业市场升级改造的资金、技术来源，以招商对接带动市场"互联网＋"转型升级。打造网上展会，开展在线招商招展、参展参会，实现商品专业市场业务全方位、无边界拓展。提升专业市场信息化应用、产业联动及展示功能，通过现场活动、新媒体推广以及与第三方平台合作等方式，引导传统商品专业市场发展为现代展贸交易中心。

三是拓展电子商务公共服务平台综合功能。以行业优势龙头市场为依托，推动建立集信息发布、价格指导、在线交易、资源配置等支撑辅助功能为一体的行业电子商务公共服务平台，发挥商品专业市场整合行业资源的作用以及第三方电商的平台优势，加快实现线上线下融合、商品专业市场与电子商务应用互动发展。通过公共性服务运营平台推进智慧市场建设，提高商品专业市场的信息化水平，建立供货商、消费者、设计师等信息数据库，通过对大数据的统计、分析，捕捉消费需求和消费方式新变化，培育消费新热点，紧密产销联系，以销定产、以销促产，降低库存成本，提高配送水平，实现市场与相关产业互动发展。

5. 分类盘活利用闲置用地

一是闲置土地的处置。对企业自身原因造成项目不按时开工的，并经认定为未动工开发满 2 年的闲置土地，或办理限期建设手续后又不履行的，由市国规委立案、调查取证、认定事实，各区予以配合，报经市政府撤销原土地批准文件，终止土地出让合同，注销土地登记,无偿收回土地使用权,并通知市发改、住建等部门撤销相关批准文件,收回后土地优先保证战略性新兴产业用地需求。对于闲置满 1 年不满 2 年的土地,按出让或者划拨价款的 20% 征缴土地闲置费,土地闲置费省、市按比例分成后区留成部分(70%)纳入市财政专户管理。对非企业自身原因造成不按时开工的,应尽快帮助企业解决相关问题。如确实无法解决的,报市人民政府批准后,可以协议收回国有土地使用权,并作适当补偿,补偿方案报市人民政府批准后实施。

二是低效利用建设用地的处置。对企业依法取得国有土地使用权后,因项目、资金、预期效益等原因,无法按照土地出让合同和投资约定开发的用地,或虽然企业已经投产但产出水平偏低的土地,可采取协商方式有偿回购土地使用权,与用地单位签订土地回购补偿协议。在符合规划、环保、消防、安全和不改变用途的前提下,鼓励企业利用存量工业用地建设高标准厂房,对现有工业用地提高土地利用率和增加容积率的,不再补缴土地出让价款。鼓励和引导有实力的企业利用技术、管理、资本、市场及品牌等方面的优势,对产品附加值不高且自身缺乏改造提升能力的企业或经营管理不善而陷入困境难以自救的企业,实施兼并重组,推进产业转型升级。

第十章 加快广州非中心城区功能
疏解的制度保障

为贯彻落实习近平总书记对广东工作作出的"四个坚持、三个支撑、两个走在前列"重要批示精神和市委市政府关于"注重中心城区优化升级，有序疏解非中心城区功能"的工作部署，强化国家中心城市中心城区功能，推进广州非中心城区功能疏解工作，树立"精明增长""紧凑城市"理念，坚持调整疏解和提质增效相结合，采取"协同、共享、优化"的疏解策略，以"限制低端业态、产业转型升级、城市更新改造"为主要突破点，实现广州非中心城区功能有效疏解。从实际上看，建议实施以下政策组合：

一 以规划促疏解，形成全市"一本规划""一张图"管理模式

1. 编制统一的空间规划

坚持高位统筹，以规划促疏解，在已有"三规合一"成果基础上整合各类空间性规划，编制统一的空间规划，推动形成全市"一

本规划""一张图"管理模式。抓紧编制专业市场整合改造提升规划、公共设施配套规划等直接关系到主城用地功能布局优化和土地利用率的重要专项规划。

2. 向上争取试点建立规划用地的弹性调整机制

重点调整土地利用结构，对低效用地进行功能置换，限制商住混合类型项目，着重发展高端商务办公楼宇，提高现代服务业用地比例。以沿江路一带重点区域为试点，不再规划新增住宅用地（历史审批除外），引导有条件的商业地产发展高端金融等现代服务业。

3. 严格控制非中心区功能增量

严禁新建或扩建除满足市民基本需求的零售网点以外的以三现交易模式为主的传统专业市场，严禁新建或扩建未列入规划的区域性物流中心。严控新设立普通综合性医疗机构。严控新设非义务教育阶段学校。

二　构建高质量发展的体制机制，加快建设"四位一体"现代产业体系

1. 制定《非中心城区功能疏解重点产业发展指导目录》

以"根据产业发展规律可从中心城区功能分离或逐步退出的功能""服务范围超越本地且本地具有相同服务内容的功能"及"一般生活性服务业中超额部分"等作为重点疏解领域，制定《广州市非中心城区功能疏解重点产业发展指导目录》，对属于指引范围内的行业，在招商引资、准入环节进行限制，形成较为完善的产业准入机制。对一般生活性服务业的准入，以餐饮业为试点，建立完善餐饮企业设立并联审批机制。

2. 聚力总部经济龙头

紧紧抓住国家实施"粤港澳大湾区"和"一带一路"重大机遇，围绕建设亚太地区重要总部基地，坚持"积极引进与重点培育并重，国际总部与国内总部并重"原则，立足于广州的区位优势、资源基础、产业基础和核心功能，大力引进集聚国际化、领军型、创新型企业总部，提升广州对全球高端要素资源的掌控力。制定全球企业总部引进计划，争取有意进军中国市场但尚未在我国设立总部或分支机构的跨国公司在广州设立区域总部。每年引进世界500强、中国500强、民营500强企业。

3. 提升楼宇经济载体功能

大力发展企业总部化、业态特色化、布局集群化的楼宇经济，实施主题商务楼宇打造、老旧商务楼宇升级、税收亿元楼宇培育"三大工程"，推动载体的经济、社会、人文、生态效益"四提升"。通过主题注入、资源再造等形式提升总部经济承载力。推进一批在建高品质商务楼宇及早投入使用，鼓励老旧商务楼宇利用先进环保节能技术改善功能配套、优化办公环境。开展商务楼宇商圈公共设施改造工程，推进商业楼宇联通建设。推广运用星级商务楼宇标准，对商务楼宇进行分级分类，引导楼宇运营单位提升服务管理水平和市场竞争力。以辖内重点商务楼宇为基础载体，充分利用广州国际投资年会、达沃斯论坛等高层次招商推介平台，加强与行业商协会合作，主动联合辖内产业平台项目和重点商务楼宇，组织开展形式多样的定向"敲门"招商活动，探索以商招商、产业链招商。做实楼宇企业服务，积极回应企业诉求，协调解决规划、消防、工商、停车场地等问题。

4. 构建大都市型创新空间布局

发挥广州科教资源丰富、综合配套齐全、人文底蕴深厚的优势,整合利用闲置低效物业和土地,重点发展服务型创新空间和知识型创新空间,破解建设用地紧张和土地物业利用效益低下并存的问题。形成全市规划底图叠合、数据融合、政策整合的"一张图"管理模式。构建产业与科技、空间与功能全方位融合发展的大都市型创新空间布局。加强资源整合力度。围绕 IAB、NEM 产业,重点建设海珠琶洲互联网价值创新园、增城新型显示价值创新园、天河软件价值创新园等价值创新园区建设,形成集聚高端产业新平台。大力推进军民融合深度发展,探索共建军民融合示范产业园区。

5. 推动生活性服务业向精细化、高品质转变

推动生活性服务业规范化、连锁化、品牌化、便利化,培育社区商业服务综合体,着力提升"一刻钟生活服务圈"服务品质和社区商业连锁化率。加快发展"无人超市""智慧药房""高端超市 + 生鲜餐饮"等高端生活性服务业。推动传统零售业向体验化、智能化、服务化和社群化转型,实现零售业自我突围。大力发展体验式商业。

三　加强城市精细化管理,开展综合治理倒逼"三低"业态存量减少

1. 取缔无照经营商户

加强源头治理,依托城市管理网格,强化部门联合执法,切实取缔无照的小型生活性服务业等商户,加大对无照经营聚集区的治理力度。

2. 落实查控违法建设提升计划

严格落实国家和省、市违法建设专项治理工作五年行动"用 5

年左右时间,全面清查并处理建成区违法建设,坚决遏制新增违法建设"要求,完善严查严控违法建设工作机制,摸清违法建设底数,及时发现和有效查控新增违法建设,发现新违法建设查办率100%,分类查处和逐步消化存量违法建设,压缩低端业态生存空间。

3. 推动城市环境品质化

以深化"三治理、三提升"为重点,制定城市环境管理工作手册,将环境整治向城中村、内街巷、居民小区延伸。继续抓好重点地区环境综合整治;推进以市容环境整治、景观提升为重点的整治提升。建立环保负面清单制度,明确应当禁止或限制准入的区域和行业环保"门槛",疏解"小散乱污"企业单位面积达10000平方米以上。

4. 加大出租屋综合治理力度

试点出台出租屋安全检查工作指引,从出租屋的治安、消防、燃气安全、结构安全等全方位规范出租屋管理,加强对存在突出安全隐患的出租屋开展联合执法、综合整治,严厉查处使用不合格燃气瓶的违法违规行为。依法查处出租屋内无证从事燃气经营活动等涉及燃气管理规定的违法行为。

5. 严控老旧厂房、低效物业改造后聚集低端业态

加快盘活闲置低效物业,加强产业政策引导,引进附加值高、成长性好的企业,禁止引进高能耗、低端的产业,杜绝低层次的租赁经济发展。加强对老旧厂房改造利用的引导。

6. 优化市属物业租赁

加强市属物业资源整合,重点发展符合广州功能定位的产业。引导承租企业调整经营业态,引入价值产业链上高附加值的经营商户,及时清理租约到期的不符合功能定位业态要求的商户,推动市

属物业业态的升级转型。

四　不断优化人口结构，拓展社会资源和外来人口参与公共治理渠道

1. 对人口构成和分布进行多维度分析

围绕"四标四实"的规范和动态管理的目标，启动实有人口信息采集核对，对房屋内居住的实有人口及单位从业人员等信息进行全面核对采集，围绕减控规模、优化结构、精准服务和管理三方面同时发力，对大量人与房屋、人与地域、人与资源环境、人与就业、人与经济发展的一手数据进行分析研究，统筹兼顾人口存量特点、居住空间供应、支撑经济发展三个维度，整理人口基础数据并开展大数据分析辅助人口动态监测，对外来人口聚集多、拆违等重点区域进行监测评估。

2. 全面加强外国人服务管理工作

对可能为非法入境、非法居留、非法就业外国人提供务工条件或居住的场所定期进行清理排查，与可能容留非法入境、非法居留、非法就业外国人的重点单位逐一签订责任书，一旦发现非法入境、非法居留、非法就业外国人，将实施严格审查、严加处罚，并及时进行遣返。推进外国人较多的街道和涉外专业市场外管服务站建设，完成撤并、升级或改造、建设外国人管理服务站。

3. 加大优秀人才培育引进力度

引进一批创新领军人才、创业新星人才、杰出产业人才，建设一批人才公寓，大力优化人才发展环境，打造"院士经济"和"博士产业"，善用外脑智库和高层次人才服务城区创新发展，对重

点企业高层次人才提供健康医疗、子女教育、优先入户等综合服务。引进"两院"院士、国家"千人计划"专家、省市创新创业领军人才、"珠江新星"等高层次人才。

五　推动公共配套疏解和优化，加快构建优质高效的基本公共服务体系

1. 推动部分医疗资源疏解和优化

推进医疗资源的区域间协作，鼓励、引导辖区大型三甲医院以办分院、合作办医等方式向周边地区发展。研究提出其他医疗资源的疏解思路和方向。推进分级诊疗和强化基层卫生服务能力，选取中山大学孙逸仙纪念医院与北京街社区卫生服务中心、省中医院与光塔街社区卫生服务中心两个医联体为试点，以高血压、糖尿病等慢性病为突破口，逐步试行推进分级诊疗工作。强化基层卫生医疗机构服务能力，鼓励三甲医院医师到基层医疗机构多点执业，加快基层医疗机构硬件建设。

2. 推动部分教育资源疏解外迁和优化

争取支持推动部分市属职业学校的外迁疏解，并将原校区下放各区，用于改善各区义务教育办学条件。发挥品牌教育辐射带动作用，以增设九年一贯制学校、置换教育用地场所、市属优质公民办学校跨区办学和委托管理等方式，实现中心城区优质资源向外围城区的辐射延伸。研究建立培训机构准入机制，促进培训机构品牌化、高端化、内涵式发展。促进教育优质均衡发展，坚持"资源共享、以强促弱"方针，完善和推广立体学区新模式，加强跨学区的校际交流和结对帮扶，促进义务教育优质均衡发展。

3. 加强交通拥堵治理

建立"市级职能部门主责，各区全面统筹区域交通缓堵"的交通管理体制。精准治理环市西路、恒福路等一批拥堵点，全面整治重点区域周边的道路交通秩序。推进慢行交通体系建设，规范非机动车（共享单车）的停放管理。

4. 加强交通基础设施建设

坚持精细化、品质化导向推动设施管养水平提升，实施城市道路品质化跃升工程和主干道桥梁隧道维修整饬工程，完成道路的品质化跃升和主干道桥梁隧道维修整饬。进一步挖掘支路内街巷通行能力，进行道路微循环可行性研究，提升辖区道路微循环能力。争取市级优化调整公交线网布局，进一步提高线网覆盖率和可达性，提高公交运行效率。

5. 提升静态交通管理水平

积极争取中心城区停车场建设给予政策支持，将中心城区作为全市公共停车场建设试点，鼓励企业自主加建机械式停车设施。鼓励和推进"互联网+停车"，共享停车模式。统筹制订全市商圈停车诱导系统建设计划，重点推进重要商圈周边停车诱导系统建设，建成较为完善的停车诱导系统体系。

附件一　广州市非中心城区功能疏解
重点产业发展指导目录

　　《广州市非中心城区功能疏解重点产业发展指导目录》（以下简称《目录》）贯彻落实国家、省市和本市产业发展最新要求，按照《中国制造2025》《"十三五"国家战略性新兴产业发展规划》《国务院关于加快发展生产性服务业促进产业结构调整升级的指导意见》《战略性新兴产业重点产品和服务指导目录（2016版）》《广东省战略性新兴产业发展"十三五"规划》《广州服务经济发展规划（2016—2025年)》《广州市人民政府办公厅关于构建促进产业发展政策体系的意见》以及本市有关发展规划编制形成。《目录》瞄准新一代信息技术、人工智能、生物医药（IAB）和新能源等新兴产业领域，重点引进"两高四新"企业，优先发展，促进现代服务业向高端高质高新发展提速、比重提高、水平提升。

	产业分类	重点发展	积极培育
聚力总部经济龙头产业	总部经济	1. 国内外 500 强及其区域总部、职能总部 2. 国内民营 500 强及其区域总部、职能总部 3. 国内行业 100 强企业及其区域总部、职能总部 4. 粤港澳大湾区总部企业	1. 大型民营企业总部 2. 高成长、高科技、新经济企业总部
提质发展两大支撑产业	商贸业	1. 专业市场公共服务 2. 跨境电商 3. 市场采购 4. 时尚消费 5. 新零售 6. 会展	1. 连锁商业品牌代理、管理及总部 2. 外贸综合服务企业 3. 贸易中介代理 4. 商业品牌代理
	专业服务业	1. 人力资源服务 2. 法律服务 3. 会计审计及税务服务 4. 信用评价及管理 5. 企业咨询及管理服务 6. 教育培训服务 7. 中介服务及外包服务	1. 知识产权代理 2. 财富管理中介 3. 检验检测 4. 赛事筹备、策划、组织等商务服务
巩固发展四大主导产业	"金融+"类产业	1. 互联网金融 2. 航运金融 3. 商贸金融 4. 科技金融 5. 绿色金融 6. 消费金融 7. 财富管理 8. 数字普惠金融 9. 养老金融	1. 创业投资 2. 资产评估 3. 专利保险 4. 知识产权融资
	"文化+"类产业	1. "文化+科技" 2. "文化+金融" 3. "文化+互联网" 4. "文化+数字创意" 5. "文化+旅游"	1. 文化软件服务、文化资源数字化处理 2. 互动影视 3. 广告服务 4. 工业设计 5. 城市规划设计 6. 建筑设计
	"智能+"类产业	1. 智能终端 2. 智慧商务 3. 智能制造 4. 智慧医疗 5. 智能家居 6. 智慧城市	1. 智能路由 2. 智能安全监控 3. 人机交互技术 4. 智能决策 5. 智能安防 6. 智能家具 7. 智能照明 8. 智能洁具

续表

	产业分类	重点发展	积极培育
巩固发展四大主导产业	"健康+"类产业	1. 精准医疗 2. 医疗美容 3. 生物医药 4. 中医药保健 5. 智慧医疗 6. 健康管理 7. 养老服务 8. 生物医药研发	1. 在线医疗教育培训 2. 商业医保 3. 医疗信息管理 4. 高端医疗保健器具 5. 基于大数据的医疗云计算 6. 智能化移动监测
培育发展九大新兴产业	新一代信息技术	1. 物联网 2. 下一代信息网络 3. 高性能集成电路研发 4. 新一代显示技术开发 5. 新型电子元器件研发 6. 新一代地理信息服务 7. 3D打印	1. 4G及增强型技术 2. 5G移动通信 3. 光通信 4. 卫星通信 5. 下一代互联网 6. 有机发光显示（OLED）产业 7. 敏感元器件 8. 储能器件 9. 光通信器件
	生物技术和新医药产业	1. 生物医药 2. 生物医学工程 3. 生物农业 4. 生物制造	1. 基因工程药物 2. 抗体药物 3. 新型疫苗 4. 基因工程 5. 基因编辑 6. 功能细胞获得 7. 靶向长效释药 8. 核酸药物 9. 基因治疗药物
	新能源和能源互联网产业	1. 新能源 2. 能源互联网	1. 太阳能利用 2. 风力发电 3. 生物质能 4. 核电关联 5. 可再生能源 6. 化石能源智能
	新材料产业	1. 先进基础材料 2. 关键战略材料 3. 前沿新材料	1. 高性能特钢 2. 特种工程塑料 3. 高性能纤维 4. 高温合金材料 5. 高性能膜材料 6. 纳米材料 7. 石墨烯

续表

	产业分类	重点发展	积极培育
培育发展九大新兴产业	数字经济	1. 大数据 2. 云计算 3. 高端软件 4. 人工智能 5. 虚拟现实（AR）、增强现实（VR）、全息成像等核心技术开发 6. 超感影院、混合现实娱乐等配套装备和平台研发	1. 数字内容开发 2. 数字设计服务 3. 数字技术装备
	全域旅游	1. "旅游＋商业" 2. "旅游＋体育" 3. "旅游＋科技" 4. "旅游＋产业" 5. "旅游＋邮轮游艇" 6. "旅游＋幸福"	1. 都市旅游 2. 在线旅游 3. 会奖旅游 4. 健康旅游 5. 研学旅游
	海洋经济	1. 海洋工程装备 2. 高技术船舶 3. 海洋电子信息 4. 海洋生物	1. 物探船 2. 钻井船 3. 海洋调查船 4. 半潜运输船 5. 起重铺管船 6. 无人深潜船
	高端装备制造产业	1. 智能成套系统 2. 高端数控机床 3. 新一代轨道交通 4. 高端专用装备	1. 智能数控系统 2. 关键功能部件 3. 自动化生产线 4. 数字化车间 5. 智能工厂
	科技服务业	1. 研究开发及其服务 2. 技术转移服务 3. 检验检测认证服务 4. 创业孵化服务 5. 知识产权服务 6. 科技咨询服务	1. 技术成果推广应用和成果转化服务 2. 科技信息交流 3. 科技评估 4. 科技鉴证

附件二 广州市非中心城区功能疏解
重点园区发展指引

行政区	非中心城区功能疏解重点园区	发展重点
越秀区	北京路国家级文化产业示范区	以"打造古城中轴文化客厅、引领文化产业融合发展",建成"广东第一、国内领先、国际影响"的国家级文化产业示范园区为创建目标,围绕北京路千年古城中轴,以"文化+"为主线,以融合为路径,在北京路文化核心区打造古城中心"区域开放、功能综合"的文化产业园区,形成"文化创意区、文化旅游区、文化商贸区、文化金融区"等四个特色鲜明、产业集聚的"一轴四区"产业空间布局
	黄花岗科技园	以文化创意、健康医疗、移动互联网、下一代信息网络(5G)、互联网及软件服务、新一代地理信息服务等战略性新兴产业为重点产业发展方向,统筹规划黄花岗科技园众多分园区成为承接不同产业创业企业的孵化器或加速器、国际人才创新工场、湾区院士联盟、广东院士科技成果转化越秀基地,包括早期投资、创业培训、创业媒体、创业交流的高端创业要素集聚平台和创新创业公共服务平台,逐步形成涵盖项目发现、团队构建、投资对接、商业加速、后续支撑等的全链条创业生态系统
	广州健康医疗中心	以东山口健康医疗中心为核心,充分利用高端临床医疗技术高度集中的"双高"优势,围绕转化医学、精准医疗、医疗美容、生物医药等重点发展领域,参照"支柱核心"模式,依托"中科院"这块金字招牌,通过体制机制改革、国际化交流合作、多级医疗机构联动发展、整合相关地块、实施交通改造,大力发展健康服务业,打造集医、教、研、产于一体,专科特色突出、功能齐全、集聚辐射带动作用明显的服务平台,重点发展精准医疗、医疗美容、生物医药、中医药保健、智慧医疗、健康管理、养老服务七大领域,打造与国家中心城市地位相匹配、立足粤港澳大湾区、辐射面覆盖整个东南亚的国际一流的湾区健康医疗中心

续表

行政区	非中心城区功能疏解重点园区	发展重点
越秀区	中科院（越秀）IAB100价值创新园	以新一代信息技术、人工智能、生物医药产业为主导产业，聚集整合中科院创新创业人才、科研技术成果、技术创新能力等创新资源，重点布局移动互联网、物联网、云计算、互联网及软件服务业、智能交互系统、网络与信息安全和大数据、新一代信息通信、卫星导航等领域
	老广交IP硅谷	以知识产权产业为主导产业，探索知识经济发展新模式，构建商标品牌综合服务平台、品牌企业孵化培育平台、商标品牌提升运用平台和商标品牌展示体验平台四大平台，打造集品牌服务、孵化、提升、展示四大功能为一体的创新创业服务链条
	花果山超高清视频产业特色小镇	通过对花果山片区的产业、功能、环境、交通进行全面转型升级，依托广州广播电视台载体空间为核心区域，以4K数字内容制作为主轴心，推动影视、动漫、游戏等行业快速集聚，打造产业特而强、功能聚而合、形态小而美、体制新而活、效益显而优的"互联网＋传媒小镇"
	新火车站数字应用示范区	实施超高清视频应用推广工程，挖掘超高清视频和VR/AR在智能安防、影视娱乐、课堂教学、智能网联汽车、工业可视化、机器人巡检、人机协作交互、智能交通、远程医疗等方面的应用场景；发展超高清健康监测设备、远程诊疗设备、可穿戴设备等，推动企业、系统集成平台、用户、健康医疗机构、第三方服务商等形成可持续、可复制的成熟商业模式，推广超高清视频医疗健康等应用系统
	广东地理科技与文化价值创新园	围绕"互联网＋地理信息＋"技术，重点搭建以产业技术研发平台、产业服务平台和人才培育平台为主体的支撑体系，构建地理信息产业、地理文化产业、地理咨询产业和地理教育产业四大核心产业集聚体系，打造成引领我国地理信息与文化创意创业发展的重要战略基地
	东山新河浦文化体验街区	项目核心保护范围面积46.92公顷，总面积约104.25公顷。将东山新河浦街区打造成为国际文化交流深度体验基地、艺术生活品质社区、"粤港澳大湾区宜居宜业宜游的优质生活圈"样板区
	二沙岛国家体育产业示范基地	以二沙岛为核心，向周边辐射展开3平方公里，推动越秀区申报成为国家体育产业示范基地，对区域内的二沙体育公园、发展公园及传祺公园的体育设施进行新建、升级改造

续表

行政区	非中心城区功能疏解重点园区	发展重点
越秀区	海珠广场文化金融 CBD	推进西起白米巷—靖海路，东至北京路，北起大南路、大德路，南至沿江西约 68 公顷范围的提升改造，打造海珠广场高端金融总部区（星寰国际商业中心）、金融科技大厦（广鹏海珠广场商业）等符合国际领先标准的超甲级写字楼，依托广州民间金融街，推动成立粤港澳大湾区民间金融联盟，促进融资租赁、消费金融、理财子公司、供应链金融等新金融集聚，将海珠广场打造成为广州民间金融新地标、华南现代金融总部新高地、广州创新发展新动能，把海珠广场片区建设成为国际大都市文化金融 CBD
荔湾区	广州国际医药港	医药港项目定位为"粤港澳大湾区国际智慧健康城"，以"新医疗＋泛健康"为核心，打造新时代下国际化大健康产业智慧平台，成为"一带一路"国际大健康产业门户和枢纽、超千亿级大健康产业集群，构建大健康产业生态圈，成为中国大健康产业第一品牌
	白鹅潭产业金融服务创新区	白鹅潭产业金融服务创新区立足广州，辐射珠江西岸"六市一区"，充分发挥广佛之心、西部枢纽的优势，主动融入国家粤港澳大湾区发展战略，打造大型金融企业区域总部集群，重点引进金融业、现代服务业等高端产业，切实推动广州市新产业与新金融融合发展，使之成为服务珠西"六市一区"制造升级的超级大脑
	"最广州"文商旅活化利用提升带	以永庆片区微改造为试点，整体保留历史建筑与特色景观，植入新型创业模式，以慢行步道串联上下九、恩宁路、粤剧艺术博物馆、荔枝湾、泮塘五约等文化景观节点，加快完成荔枝湾景区品质提升和泮塘五约二期工程，打造荔湾文化旅游精品线路，形成"最广州"文商旅活化利用提升带
	广佛科技创新产业示范区	强化区域创新协同联动，发挥广州创新引领、佛山创新支撑作用，全形成一批具有全球影响力的创新型企业和高端研发机构，引领珠三角链接全球创新资源，促进区域内外创新主体之间的合作与交流，推动广佛两市参与到广深港澳科技走廊建设中，打造全球创新策源地
	海龙国际科技创新产业区	加快海龙国际科技创新产业区建设，打造珠江西岸先进装备制造业产业功能区与广深港澳科技创新走廊结合点。共建"广佛科技创新产业示范区"，积极争取将示范区层级提升为省级综合试验区，形成"广州创新大脑、佛山转化中心"格局
	岭南 V 谷科技创新区	着力培养智能装备、电子信息和新材料等国家战略性新兴产业建设集科研、商业、服务、休闲、娱乐、文化于一体的科技主题 RBD，打造高科技产业链，建设以科技金融、技术支撑、创新创业、专业中介、综合服务五大平台为一体的科技服务体系，建成有国际影响力的科技创新、科技合作及科技服务的示范基地

续表

行政区	非中心城区功能 疏解重点园区	发展重点
天河区	广州国际金融城	在广州国际金融城打造粤港澳大湾区金融合作示范区,重点完善多层次资本市场和金融创新平台,争取国内外知名投资银行、中央金融监管部门驻粤机构、股权交易中心、电子票据交易中心、货币结算中心等入驻,配合推进跨境人民币结算试点,强化资金集散中心功能,大力发展金融新业态,打造金融决策、管理、创新、服务中心和资金配置枢纽。着力发展总部金融,积极引进金融机构总部和功能性总部,增强对金融资源的调配能力和服务经济社会发展功能。大力发展科技金融,支持设立科技支行、创业及股权投资机构等科技金融服务机构
	天河智慧城	以"产业新区、宜居新城"为目标,着眼于新一轮科技革命和产业变革的新趋势、新方向,强化对移动互联网、云计算和大数据、物联网、地理信息等产业的集聚功能,推动一批研发型总部基地、战略性新兴产业基地、电子商务基地等各类创新载体建设,重点培育集聚一批具有世界影响力的知识型企业。加大分园归并整合力度,优化提升智慧城核心区,打造大数据产业园、地理信息产业园等十大产业园区,重点推动网易总部、佳都集团轨道交通智能化产业基地、光亚国际会展电子商务产业园、南方测绘地理信息产业园、致远电子研发中心、中移动南方基地二期、龙粤移动电子商务产业基地、群豪国际·设计I谷、振盛科技研发中心等一批项目建成投入使用,形成"一核、多园"的产业空间布局
	羊城创意产业园	以"互联网+文化"为产业定位,以"互联网+音乐"为产业特色,大力发展文化创意、移动互联和网络金融三大产业,积极推进"文化、科技、金融"创新融合发展,发展"互联网+N"新型产业集群、新兴产业风险投资、创新创业众创孵化、全要素公共服务等四大板块
	广东国家数字 出版基地	促进电子报纸、电子图书、电子杂志、手机出版、数据库出版、网络教育、数字音乐、网络游戏、动漫、按需出版与数字印刷等产业发展,扶持复合出版技术、智能化信息处理技术、新媒体载体技术、数字版权保护技术、数字印刷技术等技术的研发,打造为具有数字内容技术研发、数字内容生产、数字产品交易、数字生活体验为一体国家数字出版的产业核心区
	南方广播影视 创意基地	规划建设南方广播影视传媒集团总部大楼、南方传媒国际会议中心、演播中心、电视艺术培训中心、外景拍摄基地等项目,打造为一个开放性、多元化、复合式,集办公、影视、动漫节目制播、外景拍摄、美食娱乐、旅游购物、培训展览、商务酒店等功能于一体的全国瞩目、辐射东南亚地区的"中国好莱坞"

行政区	非中心城区功能疏解重点园区	发展重点
天河区	远洋新三板企业孵化基地	以服务天河区高新企业新三板上市为特色，开展新三板从上市前的培训辅导，上市中的股份制改造等挂牌流程，到上市后的市值管理一条龙服务，以骨干企业为龙头，集聚和互补产业的相关要素，形成特色的互联网＋、生物医药、智能制造产业链，使产业链的上下游变成上下楼
海珠区	琶洲国家人工智能与数字经济试验区	以琶洲西区为起步区，重点集聚人工智能与数字经济领域知名企业的区域型、功能型以上总部，并发挥总部集聚的引擎效应，重点发展互联网与云计算、大数据服务、人工智能、新一代信息技术等数字技术产业和数字创意、工业互联网等数字融合创新产业
	中大国际创新谷	以中山大学为核心，借力中山大学建设世界一流大学的契机，利用中大布匹市场转型升级和三旧改造释放的空间，依托周边众多国家和省部级科研单位的优势，重点发展基础研究、科技研发、智能制造和成果孵化等科技创新产业集群，加快推进协同创新发展平台建设，打造全球有重要影响、国内一流的科技创新中心——"中大国际创新谷"
	M＋创工场	依托"互联网＋"的大潮和移动互联创新技术发展的大格局，集聚跨境电商、科技创新企业、创意公司、创客空间等新型企业形态，设立全新的创业孵化器，提供办公、会议服务、科研、设计、信息发布、产品展示、生活体现、商业休闲、路演中心、政府政策扶持、企业融资和研发项目等多种产业服务，打造梦想成真的创工场
	T. I. T 创意园	发挥微信、深圳前海微众银行等龙头企业的引领效应，重点培育和互联网科技企业，集聚电子商务、医疗健康、新媒体机构，打造互联网＋智慧园区、互联网＋孵化区、互联网＋配套服务区、互联网＋"云"社区、互联网旅游区，打造集产业链、创新链、服务链于一体的创业创新生态系统
	广州创投小镇	遵循"产业为依托，科技助提升，资本做加速"的整体思路，以消费升级为主题，探索构建产业转型升级和创业投资相融合的全生态链，探索建成以"产业＋科技＋资本"为特色的小镇，致力成为广州市传统批发市场转型升级的示范区、产融结合的创投集聚区、产业创新优选区，助力广州加快建设风险投资之都
	1918 智能网联产业园	专注于人工智能产业生态链构建，打造了国内首个智能硬件人工智能产权交易中心、国内首个智能硬件人工智能产品技术中央研发中心等 6 大智能硬件人工智能产业资源平台，提供从"创业前置分析、创业服务型办公室租赁、会议室租赁、孵化基金投资、专业工商财税托管、企业金融支持、企业商务资源整合、政企辅助对接、创业者素质提升"等全流程的创业支持服务

续表

行政区	非中心城区功能疏解重点园区	发展重点
白云区	广州国际健康产业城	按照医药创制中心、产业发展引领区、高端人才集聚区、国际健康产业合作示范区、产教融合试点区和健康智慧新城区"一中心、五区"的功能定位，强化生物医药制造支撑作用，培育健康产业与服务新兴业态，建设集"医、药、养、学、研"于一体，"产、城、人、文、景"相融合国际健康产业城
	神山轨道交通装备产业园	重点发展轨道交通装备制造、高效清洁能源装备制造、智能工业装备制造、新能源和环保装备制造等新兴高端装备制造产业，打造机车装备、供电设备、车站装备、通信信号控制系统、电梯设备、特种装备六大轨道交通产业板块组团，建设成为"轨道装备＋智能电器"产业基地
	黄金围新一代信息技术和人工智能产业园	定位为华南地区"人工智能＋策源地"，依托良好的生态环境和便捷的交通条件，吸引世界龙头企业和顶尖团队，重点发展物联网、云计算、高性能集成电路、新型显示等新一代信息技术，以及家庭机器人、工业机器人和智能助手等人工智能产业，打造成为汇聚现代产业、滨水生态、高端人才的广州西部产城融合示范区
	广州设计之都	以设计产业为突破口，以建筑、市政、工业、服装、芯片设计等企业为核心，拓展上下游环节，打造设计生活服务、设计生产服务与设计展示服务等设计全产业链，打造为设计产业集聚的国际品牌摇篮、华南首个"一带一路"设计服务贸易中心、广州首个 B2B 设计服务共享平台
黄埔区	中新广州知识城	坚持发展知识密集型产业不动摇，按照产城一体化发展理念，重点发展新一代信息技术、新材料、生物与健康、节能环保、文化创意、教育培训等以创新为驱动力的新兴产业，打造全省战略性新兴产业的高地。深入推进广州知识城开展知识产权运用和保护综合改革试验和国家知识产权服务业集聚发展试验区建设工作，依托中新广州知识城粤港澳科技创新合作区，抓好中新广州知识城等国家级双边合作项目，推动创新资源开放共享和区域协同创新，打造世界级知识经济新标杆。更好发挥广州知识产权法院和广州知识产权仲裁院的作用，加快建设国际知识产权仲裁机构和官方机构，为粤港澳大湾区知识产权合作提供快速授权、确权、维权等服务支撑

续表

行政区	非中心城区功能疏解重点园区	发展重点
黄埔区	广州科学城	以"高端发展,创新发展,辐射带动"为导向,利用靠近市中心的优势,建设产业新城,大力鼓励区内新型研发机构、科技型企业创新发展,研发新技术、新产品,培育新产业、新业态,重点发展高端制造、总部经济、研发服务、文化创意、科技金融、中央商务以及综合配套服务等业态,形成新一代信息技术、智能装备、平板显示、新材料、生物医药等创新产业集群,打造全省新兴产业集聚发展核心区和创新驱动发展示范区。大力发展楼宇经济,突出创新创业元素,提升高新技术产业、研发机构、高端人才密集度,扩大对外辐射带动影响力,把科学城升级建设成为全省创新创业示范区。强化区域科技创新创业中心地位,加强对创客空间、科技企业孵化器、研发机构、高端人才等各类创新要素集聚,重点建设科学城粤港澳大湾区青年创新创业基地,集聚发展科技金融、技术转移、知识产权等科技服务机构
	广州国际生物岛	集聚国内外生物医药与健康企业区域总部、运营中心、研发中心,打造成世界级生物产业创新基地、广州创新驱动发展示范区,粤港澳大湾区生命科学合作区、世界顶尖的生物医药研发中心
	知识城高端智能装备产业园	主要承载科技研发、孵化加速、高端制造、总部经济等功能,集聚先进的创新资源,落地优质高端产业项目,建设成为开发区智能装备产业未来发展主平台
	云埔数控和工业机器人产业园	围绕广州数控、达意隆等龙头企业进一步推进产业集聚,主要承载生产制造功能,集中布局近期引进的机器人及智能装备产业项目,建设成为智能装备产业制造基地
	黄埔智能装备价值创新园	位于黄埔区南部,北靠广园快速路,南至护林路,东临丰乐北路、西至茅岗路,占地面积86公顷,约1290亩。目前一期175亩由国机智能科技有限公司负责建设运营。园区将建设成为代表中国科技创新水平的标杆型园区。一方面以智能工厂为载体,推动人工智能、工业互联网、大数据和实体经济深度融合,打造全球影响力的智能工厂与智能装备研发集聚区。另一方面以企业为主体,通过技术创新驱动和龙头企业带动,形成智能装备全产业链集聚,打造国际领先的人工智能应用示范区和国际知名的创新领军人才汇聚区

续表

行政区	非中心城区功能疏解重点园区	发展重点
花都区	黄埔生物医药价值创新园	位于中新广州知识城，规划面积3.4平方公里，起步区1.4平方公里。园区以GE生物科技园和百济神州项目为依托，引领高端生物医药产业发展，目前已吸引赛默飞、安捷伦、诺诚健华、恒瑞、绿叶、康方等国内外生物医药业知名的研发、生产项目相继集聚落户。未来，园区将借鉴世界发达国家和地区的医学产业发展经验，着眼医疗体制改革，致力于打造集高端医疗装备制造和研发、现代医学服务、生物医药研究生产、人才交流培训、医学大数据研究应用及相关高端服务配套为一体的全价值链产业集群，建设"现代生物医药高地"和"现代医学服务高地"
	状元谷电子商务产业园	发挥园区内苏宁易购、京东等龙头电商企业的优势和南方物流集团在物流领域的竞争力，吸引全球电子商务企业总部或销售中心入驻园区，打造为一个集商流、物流、资金流、信息流"四流合一"的电子商务集聚区
	国家检验检测高技术服务业集聚区（广州）萝岗园区	优先发展标准化、计量、生命科学、消费品、环境质量、工业品、认证认可等检验检测服务核心产业，配套发展法律服务、信息服务、设备租赁、培训认证等服务业，打造以检验检测服务为主体的知识密集型产业集群
	广州花都（国际）汽车产业基地	加大在新能源汽车及其核心部件、智能制造装备、车联网与自动驾驶、零部件检验检测平台等方面提升产业发展品质，加快整车向电动化、智能化、轻量化转型升级，与广汽、大众、东风日产形成多层次供应链关系，建设宜居宜业宜商现代化汽车产业新城
	花都总部金融科技创新集聚区	依托广州绿色金融改革创新试验区，加快建设绿色产业园区、绿色金融聚集区等功能性载体，建立产融结合的发展机制，依托广州碳排放权交易中心建设环境权益交易与金融服务平台，与港澳加强碳排放权、排污权、用能权、林业碳汇、海洋碳汇交易等合作，促进绿色金融国际合作
	花都军民融合价值创新园	以中国电科华南电子信息产业园和国光智能电子产业园为龙头，突出总部集聚和创新引领，着力培育以智能制造、新一代电子信息产业和军民融合产业为主导的千亿级智能电子产业集群，打造成为华南地区最具影响力的电子信息产业基地和国家级军民融合创新示范园区
	空港智慧物流园	支持物流企业强化航空快递转运中心和区域性分拨中心建设，大力推动保税加工、保税仓储配送、保税展示交易等保税物流延伸产业链，完善保税商品线下展示平台和线上交易平台建设，打造服务粤港澳大湾区、辐射泛珠三角地区的航空保税物流中心

行政区	非中心城区功能疏解重点园区	发展重点
番禺区	广州大学城—国际科技创新城	以广州大学城为"智核"，以广州国际科技创新城为"支撑"，主动融入珠三角国家自主创新示范区，大力发展创新经济，释放新需求，创造新供给，增强经济发展内生动力，成为广州市国际科技创新枢纽的核心和珠江创新带建设的龙头
	广州南站商务区	发挥沟通粤港澳、联系泛珠腹地的交通枢纽优势，打造泛珠外向型产业对接国际高端要素、拓展海外市场、开展国际产能合作的重要平台，构建以高端商务服务业为主导、IAB产业为支撑、文体旅游为特色的现代产业体系，促进广州南站地区产业链、创新链、价值链（含资金链、服务链等）融合发展
	番禺万博商务区	规划总建筑面积548万平方米，其中核心区规划总建筑面积388万平方米，重点打造德舜大厦、万达广场、奥园国际中心、敏捷广场、粤海广场、广晟万博城、广汽四海城、华新汇和地下空间九大项目，建成后将发展成为华南板块CBD、珠三角互联新高地、区域财富中心和粤港澳大湾区文商旅融合发展典范区域
	番禺智能网联新能源汽车价值创新园	以智能网联新能源汽车为主导产业，建成智能网联新能源汽车研发和制造能力行业领先、动力电池等关键系统产业化水平国内领先、自主掌握自动驾驶总体技术等领先技术，智能网联新能源汽车产业集聚配套、售后服务建设与产业规模相匹配的智能网联新能源汽车制造基地和华南汽车文化中心
	番禺汽车城	以广汽乘用车公司、广汽菲克公司、广汽新能源公司为发展龙头，以广汽研究院为创新中心，辐射带动北部、中部两大零部件集聚区发展，加速成型传统能源汽车、新能源汽车两大产业带。展望未来，汽车城拟建成国际化、专业化与智能化的先进制造业园区和华南汽车文化中心
南沙区	南沙粤港产业深度合作园	以促进粤港澳产业深度合作为主线，推进三地之间"软规则"对接融通，实践改革开放创新，协同构建跨境跨区域联动发展新机制，促进资源要素的自由流动与优化配置，建设成为面向"两个市场"、配置"两种资源"的开放共享新平台。发挥国家级新区和自贸试验区优势，加快建设大湾区国际航运、金融和科技创新功能的承载区，携手港澳建成高水平对外开放门户。加快重大港航基础设施项目建设，集聚粤港澳现代航运服务资源，发展航运服务业和邮轮游艇产业。强化国际贸易功能集成，加快建设全球进出口商品溯源中心和全球报关服务系统，推进保税物流、出口集拼、大宗商品交易等平台建设

续表

行政区	非中心城区功能 疏解重点园区	发展重点
南沙区	南方海洋科技 创新中心	加快与香港科技大学、中科院共建南方海洋科学与工程广东省实验室，争取国家布局更多的海洋大科学装置，建设国家深海科技创新中心基地、可燃冰勘探及产业化总部基地等重大项目，推动可燃冰、海洋生物资源综合开发技术研发和产业化，形成若干特色产业集群
	智能网联 汽车产业园	健全粤港产学研用协同创新机制和服务平台，汇聚整合汽车和相关行业优势资源，构建智能网联汽车发展生态系统，打造具有全球竞争力的智能网联汽车产业集群，引进具有领先核心技术的智能网联汽车领军企业及项目，共建全球领先互联网智能纯电动汽车研发和制造基地
	智能交通产业园	依托南沙国家级自动驾驶测试基地和智慧交通示范区建设，加快建设交通大数据中心，大力发展智能公共交通、无人驾驶等新型交通方式，构建绿色智能、内外衔接、便捷高效的园区交通网络，率先在庆盛枢纽打造自动驾驶产业链和智慧交通产业集群
	新时代国际 文化交流基地	推动文化与科技、金融、贸易深度融合，培育新型文化业态，规划建设保税艺术品展示交易中心、国际艺术品交易中心、数字版权交易中心等平台项目，加强对文化领域创新、创意、创业人才的支持培养，进一步放宽外资演出经纪、演出和娱乐场所设立等准入限制，打造电子竞技小镇等一批特色文创品牌项目
增城	新型显示价值 创新园	围绕超视堺第 10.5 代薄膜晶体管液晶显示器生产线项目，培育高技术、高附加值平板显示产业集群，重点发展超大尺寸液晶面板、高清8K电视、面板自动化（工业机械人）研发、工业大数据应用等领域，形成高清面板生产、智能电视制造及销售的全产业链条
从化	粤港澳大湾区 新药综合创制平台	在现有全国最大实验动物产业、华南唯一全程式药物非临床评价研究公共服务平台、国家级中药提取分离过程研发平台、全国最大干细胞制备中心基础上，打造粤港澳大湾区新药综合创制平台，填补大湾区生物医药产业链关键技术服务平台空白，形成药物研发、安全性评价、综合服务、产业化等全链条集聚

参考文献

本报评论员：《加快建设北京非首都功能疏解集中承载地》，《河北日报》2018 年 4 月 28 日。

邓仲良、张可云：《北京非首都功能中制造业的疏解承接地研究》，《经济地理》2016 年第 9 期。

刁琳琳：《特大城市功能变迁中产业疏解的困境与对策分析——基于北京市城六区存量企业调整退出情况的调研》，《北京联合大学学报》（人文社会科学版）2018 年第 2 期。

刁琳琳：《最大程度发挥疏解效应》，《北京日报》2015 年 10 月 26 日。

刁琳琳、韩梅：《优化空间布局　实现"疏解非首都功能"》，《北京日报》2018 年 5 月 25 日。

胡苏云、肖黎春：《特大城市社会治理创新：城市功能疏解的视角》，《城市发展研究》2016 年第 12 期。

胡曾曾、赵志龙、张贵祥：《非首都功能疏解背景下北京市人口空间分布形态模拟》，《地球信息科学学报》2018 年第 2 期。

金希娜、黄夏岚：《支持韩国首都功能搬迁的财税政策——对北京市首都功能疏解的启示》，《地方财政研究》2017 年第 5 期。

刘宾：《非首都功能疏解背景下京津冀产业协同发展研究》，《宏观经济管理》2018年第8期。

刘兆鑫：《特大城市功能疏解的政策工具及其选择》，《中国行政管理》2017年第5期。

皮建、才薛海、玉殷军：《京津冀协同发展中的功能疏解和产业转移研究》，《中国经济问题》2016年第6期。

浦再明：《上海城市非核心功能疏解研究》，《科学发展》2017年第7期。

孙威、毛凌潇、唐志鹏：《基于敏感度模型的非首都功能疏解时序研究》，《地理研究》2016年第10期。

田惠敏、张丹：《疏解非首都核心功能的城市治理研究》，《中国市场》2014年第5期。

涂满章、詹圣泽、詹国南：《世界特大城市对北京疏解非首都功能的借鉴》，《技术经济与管理研究》2017年第8期。

王殿茹、邓思远：《非首都功能疏解中生态环境损害赔偿制度研究》，《生态经济》2017年第9期。

王金杰、周立群：《非首都功能疏解与津冀承接平台的完善思路——京津冀协同发展战略实施五周年系列研究之一》，《天津社会科学》2019年第1期。

王新军：《上海城市非核心功能疏解》，《科学发展》2017年第11期。

魏楚、徐雪娇、郑新业：《防范非首都功能疏解回弹效应》，《中国社会科学报》2015年10月21日。

吴建忠、詹圣泽：《大城市病及北京非首都功能疏解的路径与对策》，《经济体制改革》2018年第1期。

武义青、柳天恩：《雄安新区精准承接北京非首都功能疏解的思考》，

《西部论坛》2017 年第 5 期。

夏添、孙久文：《北京非首都功能疏解的思考与刍议——基于"新
　　都市主义"的视角》，《北京社会科学》2017 年第 7 期。

肖周燕、王庆娟：《我国特大城市的功能布局与人口疏解研究——
　　以北京为例》，《人口学刊》2015 年第 1 期。

杨成凤、韩会然、宋金平：《功能疏解视角下北京市产业关联度研
　　究——基于投入产出模型的分析》，《经济地理》2017 年第 6 期。

杨成凤、韩会然、张学波、宋金平：《国内外城市功能疏解研究进
　　展》，《人文地理》2016 年第 1 期。

杨宏山：《首都功能疏解与雄安新区发展的路径探讨》，《中国行政
　　管理》2017 年第 9 期。

杨开忠：《京津冀大战略与首都未来构想》，《人民论坛·学术前
　　沿》2015 年第 2 期。

于伟、杨帅、郭敏宋、金平：《功能疏解背景下北京商业郊区化研
　　究》，《地理研究》2012 年第 1 期。

张博钧、包姣姣：《京津冀一体化非首都功能疏解对河北省产业结
　　构影响》，《统计与管理》2017 年第 1 期。

张可云：《北京非首都功能的本质与疏解方向》，《经济社会体制比
　　较》2016 年第 3 期。

张可云、蔡之兵：《北京非首都功能的内涵、影响机理及其疏解思
　　路》，《河北学刊》2015 年第 3 期。

张可云、沈洁：《北京核心功能内涵、本质及其疏解可行性分析》，
　　《城市规划》2017 年第 6 期。

张可云、沈洁：《疏解首都科技创新功能可行吗？——韩国的经验
　　及其对北京的启示》，《北京社会科学》2016 年第 3 期。

张强:《城市功能疏解与大城市地区的疏散化》,《经济社会体制比较》2016 年第 3 期。

张学良:《国际大都市疏解城市非核心功能的经验及启示》,《科学发展》2016 年第 11 期。

赵弘、刘宪杰:《疏解北京非首都功能的战略思考》,《前线》2015 年第 6 期。